图书在版编目(CIP)数据

四川岩溶区石漠化土地特征与植被恢复技术研究/兰立达,蔡凡隆著
.—成都:西南财经大学出版社,2016.7

ISBN 978 - 7 - 5504 - 2480 - 7

Ⅰ.①四⋯　Ⅱ.①兰⋯②蔡⋯　Ⅲ.①岩溶地貌—沙漠化—土地管
理—研究—四川省②岩溶地貌—沙漠化—植被—生态恢复—研究—四
川省　Ⅳ.①P642.252.271

中国版本图书馆 CIP 数据核字(2016)第 142722 号

四川岩溶区石漠化土地特征与植被恢复技术研究

兰立达　蔡凡隆　著

责任编辑:汪涌波
助理编辑:白宇
封面设计:何东琳设计工作室
责任印制:封俊川

出版发行	西南财经大学出版社(四川省成都市光华村街55号)
网　　址	http://www.bookcj.com
电子邮件	bookcj@ foxmail.com
邮政编码	610074
电　　话	028 - 87353785　87352368
照　　排	四川胜翔数码印务设计有限公司
印　　刷	四川金鹏宏达实业有限公司
成品尺寸	185mm ×260mm
印　　张	13.125
插　　页	14
字　　数	315 千字
版　　次	2016 年 7 月第 1 版
印　　次	2016 年 7 月第 1 次印刷
书　　号	ISBN 978 - 7 - 5504 - 2480 - 7
定　　价	88.00 元

前 言

石漠化是岩溶（即喀斯特）地区土地退化、生态恶化的一种极端形式，被称为"生态癌症"。严重的石漠化土地，不仅加剧水土流失，恶化生态环境，引发自然灾害，压缩人民群众的生存与发展空间，也严重制约地区经济社会的可持续发展，对区域国土生态安全和生态文明建设构成严重威胁。

由碳酸盐类岩石发育而成的喀斯特地貌在世界上分布广泛。据统计，全球碳酸盐岩出露面积约 2 200 万 km^2，占全球陆地总面积的 15%。中国的喀斯特按可溶性岩层分布面积达 344 万 km^2，其中碳酸盐岩出露面积达 90.7 万 km^2，主要分布在贵州、广西、云南、湖南、四川、重庆、湖北及广东等 8 省（市、区）。国家林业局于 2005 年、2011 年两次对包括四川在内的 8 省（市、区）的 460 个岩溶县（市、区）进行了监测，监测区总面积达 107.1 万 km^2，其中岩溶土地面积 45.1 万 km^2。

四川地处长江、黄河上游，地形地貌及气候类型复杂多样，既是全国生态建设的核心区、生物多样性富集区和长江上游重点水源涵养区，也是典型的生态脆弱区。根据国家林业局确定的监测范围，四川岩溶区涉及 10 个市（州）46 个县（市、区），岩溶区面积 277.7 万 hm^2，占全省国土面积的 5.7%；其中，石漠化土地 73.2 万 hm^2，占岩溶区面积的 26.3%；潜在石漠化土地 76.9 万 hm^2，占岩溶区面积的 27.7%。2008 年以来，在国家大力支持下，四川先后在 16 个县启动了岩溶区石漠化综合治理工程，至 2014 年年底，全省共治理岩溶区土地约 2 429km^2、石漠化土地约 678km^2，工程区林草植被盖度显著增加，水土流失得到初步遏制，生态环境初步改善。

本书运用四川连续 2 次岩溶区石漠化监测的翔实数据（信息），系统全面描述四川岩溶区的现状、特征等，开展岩溶区生态环境脆弱性评价，构建了四川岩溶区立地分类系统。结合岩溶区石漠化土地的立地现状、植被恢复技术的典型调查和工程实施经验与成效，筛选出适用于岩溶区植被恢复的树（草）种 45 个，建立技术措施配套的植被恢复典型模型 61 个，提出了一套系统、全面、完整的植被恢复技术。本书不仅能够为四川岩溶区石漠化土地综合治理提供技术支撑，也能为其他生态脆弱区植被恢复与重建和生态综合治理提供借鉴。

由于编写时间仓促，不足和疏漏之处在所难免，希望广大读者不吝批评指正。

编　者

2016 年 5 月 30 日

目　录

1 概论

1.1 研究背景与意义

1.1.1 石漠化概念

岩溶即喀斯特（Karst），是指水对可溶性岩（碳酸盐岩、石膏、岩盐等）进行的以化学溶蚀作用为主，流水的冲蚀、潜蚀和崩塌等机械作用为辅的地质作用（又称为喀斯特作用），以及由这些作用所形成的地表及与地下的各种景观与现象。可溶岩经以溶蚀为先导的喀斯特作用，形成地面坎坷嶙峋，地下洞穴发育的特殊地貌称为喀斯特地貌（Karstlandforform），即岩溶地貌。Karst 源于斯洛文尼亚第纳尔高原，在当地语中称之为"Karst"，属印欧语系中的"kar"，即石头的意思。自从南斯拉夫学者 J. cvijic 研究了那里的地貌后，它远离俗语而转变为一门学科。

喀斯特石漠化是土地荒漠化的主要类型之一，它以脆弱的生态地质环境为基础，以强烈的人类活动为驱动力，以土地生产力退化为本质，以出现类似荒漠景观为标志。石漠化概念从 20 世纪 90 年代开始提出，其定义最初的普遍表述是：由于喀斯特地区生态环境脆弱，森林植被的破坏，水土流失的加剧，导致了土地严重退化，形成基岩大面积裸露的现象称为石质荒漠化，简称石漠化。屠玉麟认为，石质荒漠化是指在喀斯特的自然背景下，受人为活动的干扰破坏造成土壤严重侵蚀、基岩大面积裸露、生产力下降的土地退化过程，所形成的土地称为石质荒漠化土地（或石漠化土地）。这一定义指明了石漠化的成因和实质，但忽视了气候环境因素的影响。于是，张殿发进行了补充，认为石漠化是指在亚热带地区岩溶极度发育的自然环境下，受人为活动的干扰破坏，造成土壤严重侵蚀，基岩大面积裸露，生产力严重下降的土地退化现象。周政贤则提出了更为详尽、明确的表述：石漠化主要是喀斯特地区石漠化，它是指在水热因子及其配合适宜森林生长发育的环境条件下，碳酸盐类岩层发育的喀斯特地形和其自生的自然植被生态系统，反复遭受人类不合理的干扰破坏，改变土地利用方向，原本脆弱的生态系统退化，以化学风化为主的各种形态岩层大面积裸露，其中纯质灰岩区形成仅有稀疏的藤刺灌丛覆盖的石海，白云质灰岩区形成稀疏植被覆盖的坟丘式荒原，相似于干旱少雨地区荒漠化景观的一种退化土地。周政贤的表达首次将石漠化形成的原因、气候背景、岩性及植被景观特征融为一体。

目前，我国公认的石漠化（Rocky Desertification）是指在热带、亚热带湿润半湿润气候条件和岩溶极度发育的自然背景下，受人为活动干扰，地表植被遭受破坏，造成土壤严重侵蚀，基岩大面积裸露，砾石堆积，地表呈现类似荒漠景观的土地退化现象，是岩溶区土地退化的极端形式。这一定义继承和发展了前人的研究成果，表述简洁、完整。

1.1.2 国内外研究现状

1.1.2.1 国外研究现状

近30多年来，世界上许多国家都十分重视对岩溶环境问题的研究。1979年 H. E. Legrad 首次提出了岩溶区的生态环境问题。1983年在美国科学促进会第149届年会上，正式把岩溶和沙漠边缘地区等同地列为脆弱环境。国外早期的岩溶研究侧重地质成因、地貌特征、水文特征及发育过程，结合经济社会发展的需要，对岩溶水文地质、工程地质、地球物理勘探、岩溶洞穴、岩溶发育理论等做了大量研究。目前比较关注岩溶环境的理论基础和应用研究，诸如退化岩溶生态系统的恢复重建、生物多样性保护、岩溶区人口—资源—环境与区域经济发展等。但因世界其他各国石漠化发生几率小，且分布相对零散、面积小、危害轻，因而在国际上针对岩溶区石漠化土地植被恢复开展的专题研究不多。

1.1.2.2 国内研究现状

长期以来，我国岩溶区的自然环境与社会经济活动之间处于不协调状态，石漠化给社会和生态环境带来了严重的影响。20世纪90年代，开始重视石漠化研究，逐步开展了岩溶区石漠化现状、成因、过程、危害和机制研究。特别是近年来，开展了以水土保持、植被恢复及生态重建为目标的预防和治理示范工作，取得了一些成效。

王德炉（2005）根据岩性、小生境种类及组合、土壤特性等基本特征，将石漠化土地划分为两大类型，即显性石漠化和隐性石漠化。也有学者按照岩性和地貌类型组合（周政贤等，2002）或仅按地貌类型组合（熊康宁，2002），将石漠化划分为不同的类型区，这种划分主要是从植被恢复的角度出发，着眼于土地利用方向的研究。

石漠化现状评价是对石漠化现在状态客观、准确地综合描述，是持续研究及治理工作的基准尺度。目前石漠化现状评价体系一种是以植被因子为主体构建，同时包括土壤和地质因子（王德炉，2003；李瑞玲等，2004）；另一种是以植被和土壤盖度为主，包括基岩裸露度、坡度、土壤厚度组成的指标体系（熊康宁等，2002）。

石漠化危险性评价是根据干扰类型、强度、频度和持续时间等因素对石漠化土地的发展趋势进行预测。胡宝清（2004）对石漠化的预警体系从地表形态、生态过程、人类诱发作用、灾害时空分布规律、地质和生态环境进行了研究。李瑞玲等（2004）提出了坡度、岩性、地貌、人口密度和陡坡耕地率等指标对石漠化危险性进行了评价。目前石漠化危险性评价研究尚处于开始阶段。

根据近年来石漠化治理试点示范的主要经验，以退化土地系统为对象，提出了一系列综合治理措施和模式（甘露，2001；钟爱平，2000；苏维词，1998；王克林，1999）。

高瑞华等（2001）根据贵州省地质地貌条件的特殊性，研究建立了贵州省强度石漠化土地立地分类系统。梅再美等（2004）分析了贵州喀斯特石漠化土地的主要类型和形成过程，提出了不同强度等级石漠化土地的植被恢复途径与对策，以及不同强度石漠化土地的植被恢复技术。王进杰（1985）探讨了福泉市岩溶区植被恢复途径，并对适宜于该市的造林树种作出了选择。

1.1.3 研究的意义

据2011年调查监测，四川岩溶区面积277.7万 hm^2（"四川岩溶区"指国家确定的监测范围，后同），占全省面积的5.7%；石漠化土地73.2万 hm^2，占岩溶区面积的26.36%。石漠化土地集中分布于盆中丘陵、川南盆地边缘、川东平岭谷和川西南山地区，涉及全省10个市（州）46个县（市、区）。四川岩溶区有少数民族县20个，居住着彝族、藏族、苗族、土家族等30多个民族，少数民族人口约271.7万人，约占全省少数民族人口总数的68%；少数民族聚居区石漠化土地44.5万 hm^2，占全省石漠化土地面积的60.8%；岩溶区有国家扶贫开发重点县16个，占全省扶贫开发重点县的44.4%。四川岩溶区石漠化土地具有面积大、程度深、分布广和区域特点明显等特征，其日趋恶化的脆弱生态环境制约了区域经济社会的发展。石漠化地区的人口、生存、能源、发展等诸多问题已摆在了各级党委和政府面前。

近年来，党和国家领导人不仅明确指示"要加大石漠化治理力度"，还多次提出"要扎实搞好石漠化治理工程"，并于2008年2月由国务院批复了《岩溶地区石漠化综合治理规划大纲（2006—2015）》，国家发展和改革委员会在"十一五""十二五"期间安排了300个县的石漠化综合治理试点工程，其中四川省有16个试点县。岩溶区是一特殊区域，在试点工程实施过程中，没有系统全面的植被恢复技术可采用，包括立地分类系统，植被恢复适生树（草）种选择，植被恢复模型典型设计等应用技术。本研究正是基于石漠化综合治理试点工程中这一技术空白而开展，具有很强的针对性和目的性，研究成果不仅能够为相关部门开展石漠化治理提供技术支撑，也能为其他生态脆弱区植被恢复与重建和生态综合治理提供借鉴。因此，四川岩溶区石漠化土地植被恢复应用技术研究具有十分重要的现实和长远意义。

1.2 研究目标与内容

1.2.1 研究目标

鉴于四川岩溶区石漠化土地具有分布广、面积大、程度深等特点，且涉及盆中丘陵区、川南盆地边缘区、川东北平行岭谷区和川西南山地区等区域，分布于雅砻江、金沙江、岷江、嘉陵江、沱江等流域，本研究的总目标是：在对四川岩溶区全面深入调查分析研究、深刻认识的基础上，对不同区域、不同立地条件和不同程度的石漠化土地采用不同的植被恢复技术措施，为实现石漠化程度减轻，并向潜在石漠化或非石漠化土地的逆转提供一套完整、系统的应用技术。

1.2.2　研究内容

目前国内石漠化土地治理有生物治理、工程治理和生物与工程相结合的治理措施。本研究以四川岩溶区石漠化土地植被恢复技术措施研究为目的，包括岩溶区石漠土地立地分类系统建立、树（草）种选择、植被恢复等技术。主要研究内容如下：

（1）岩溶区石漠化土地特征分析；

（2）岩溶区生态环境脆弱性评价；

（3）岩溶区生态环境与植被恢复的关联性分析；

（4）岩溶区立地类分类研究；

（5）石漠化土地植被恢复的乔、灌、草、竹、藤等树（草）种选择；

（6）石漠化土地植被恢复模型典型设计。

1.3　技术路线与研究方法

1.3.1　技术路线

在全面掌握四川岩溶区石漠化状况的基础上，结合石漠化土地治理过程中植被恢复存在的实际问题，综合运用地貌学、地质学、气候学、生态学、土壤学、植物学、造林学等多学科知识，采取调查研究与分析评价、归纳总结相结合的方式，开展本项研究。其技术路线如图1-1所示。

1.3.2　研究方法

1.3.2.1　外业调查

（1）图斑调查

按照《岩溶地区石漠化监测技术规定》（国家林业局，2011年修订）规定的方法开展图斑区划与调查，其主要方法是"3S"技术与地面调查相结合，以地面调查为主。运用遥感（RS）、全球定位系统（GPS）进行图斑区划。在区划的基础上，通过地面调查相关因子，获取岩溶区石漠土地相关信息。主要包括岩溶区土地类型调查、石漠化程度调查、土地利用类型调查、环境因子调查。采用地理信息系统（GIS）进行图斑与数据信息管理。

（1）岩溶区土地类型调查

岩溶区土地分为石漠化土地、潜在石漠化土地和非石漠化土地3大类。

石漠化土地：基岩裸露度（或砾石含量）≥30%，且符合下列条件之一者为石漠化土地。

1）植被综合盖度<50%的有林地、灌木林地；

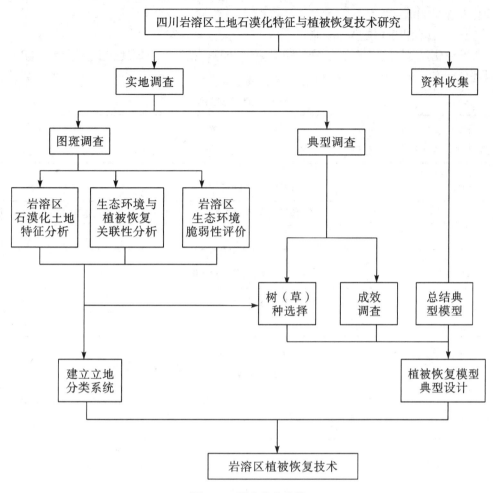

图 1-1　研究技术路线

2）植被综合盖度<70%的草地；

3）未成林造林地、疏林地、无立木林地、宜林地、未利用地；

4）非梯土化旱地。

潜在石漠化土地：基岩裸露度（或砾石含量）≥30%，且符合下列条件之一者为潜在石漠化土地：

1）植被综合盖度≥50%的有林地、灌木林地；

2）植被综合盖度≥70%的草地；

3）梯土化旱地。

非石漠化土地：除石漠化土地、潜在石漠化土地以外的其他岩溶土地，即：基岩裸露度（或土壤砾石含量）<30%的有林地、灌木林地、疏林地、未成林造林地、无立木林地、宜林地，旱地，草地，未利用地。

（2）石漠化程度调查

石漠化分为轻度石漠化（Ⅰ）、中度石漠化（Ⅱ）、重度石漠化（Ⅲ）和极重度石漠化（Ⅳ）4级。

1）石漠化程度评定因子及指标

石漠化程度评定因子有基岩裸露度、植被类型、植被综合盖度和土层厚度。各因子及评分标准详见表1-1~表1-4。

表1-1 基岩裸露度评分标准

岩基裸露度（或砾石含量）	程度	30%~39%	40%~49%	50%~59%	60%~69%	≥70%
	评分值	20	26	32	38	44

表1-2 植被类型评分标准

植被类型	类型	乔木型	灌木型	草丛型	旱地作物型	无植被型
	评分值	5	8	12	16	20

表1-3 植被综合盖度评分标准

植被综合盖度	盖度	50%~69%	30%~49%	20%~29%	10%~19%	<10%
	评分值	5	8	14	20	26

注：旱地农作物植被综合盖度按30~49%计。

表1-4 土层厚度评分标准

土层厚度	厚度	Ⅰ级≥40cm	Ⅱ级20~39cm	Ⅲ级10~19cm	Ⅳ级<10cm
	评分值	1	3	6	10

2）石漠化程度分级评价标准

根据4项评定指标评分值之和确定石漠化程度，具体标准如下：

轻度石漠化（Ⅰ）：各指标评分值之和≤45；

中度石漠化（Ⅱ）：各指标评分值之和为46~60；

重度石漠化（Ⅲ）：各指标评分值之和为61~75；

极重度石漠化（Ⅳ）：各指标评分值之和>75。

（3）土地利用类型调查

调查岩溶区土地的利用类型，包括林地（有林地、疏林地、灌木林地、未成林造林地、无立木林地、宜林地等）、耕地（水田、旱地）、草地（天然草地、改良草地、人工草地）、建设用地、水域、未利用地（裸岩、荒草地、干沟和其他未利用地）。

（4）环境因子调查

环境因子调查主要包括地貌、岩溶地貌、海拔、坡度、坡向、基岩、基岩裸露度、土壤（类型、厚度、质地）、植被（植被类型、优势植物种类、起源、盖度、植被生长状况）。

（5）植被恢复措施调查

调查图斑石漠化土地的治理状况，主要调查治理所采用的树（草）种，造林技术措施、幼林抚育措施等。

（6）典型调查

选取典型调查点布设标准地开展调查。立地因子调查，调查各标准地地貌（含岩溶地貌）、坡度、坡向、海拔、基岩、母质、土壤类型、土层厚度、基岩裸露度、植被盖度、主要植物种类（乔、灌、草、竹、藤等）、植被类型等。植被恢复技术措施调查，对岩溶区近年人工造林（种草）实施地块进行调查，记载立地条件、造林树（草）种、混交方式及比例、整地方式及规格、造林方式、造林时间、种苗情况、初植密度（株行距）、补植株数、施肥情况（种类、用量）、灌溉情况，以及幼林抚育情况等。调查人工造林（种草）成活情况、保存情况、生长状况。

（7）资料收集

收集岩溶区气候、地质、地貌、土壤、水文、水土流失、社会经济状况等专项资料。收集试点工程县历年石漠化综合治理工程实施方案，原有相关研究资料及论文，营造林技术总结等资料。

1.3.2.2 内业分析及成果编制

（1）岩溶区石漠化土地特征及生态环境脆弱性评价

根据图斑调查资料，结合收集的水土流失和社会经济状况资料，分析岩溶区石漠化土地特征，并采用指数分析方法，选择生态脆弱性评价指标，构建岩溶区生态脆弱性评价指标体系，再利用 GIS 的空间叠加功能，通过模型的空间识别、运算，对岩溶区生态环境脆弱性进行评价，并开展岩溶区生态环境与植被恢复的关联性分析。

（2）立地分类

采用综合分析法，运用图斑调查资料、典型调查资料和收集的相关资料，综合分析岩溶区不同区域的特征和岩溶区的立地特征，确定各级立地单元分类（区）的主导因子，划分立地区、立地类型组、立地类型，建立岩溶区立地分类系统。

（3）树（草）种选择

采用综合归纳、典型对比等方法选择岩溶区适生的树（草）种。运用图斑调查资料、典型调查资料和近年来石漠化综合治理实施方案等资料，结合树（草）种本身的生物学、生态学特性，综合分析树草种的适宜性，并与同一树（草）种在优良地块上的表现对比，确定岩溶区适生的树（草）种。

（4）植被恢复模型设计

定性与定量结合：定性分析是对国内外已有的岩溶区石漠化治理植被恢复成果、植被恢复技术、各地的植被恢复经验进行总结、分析和归纳，从中寻找符合岩溶区立地条件的各项植被恢复技术。定量分析则通过收集和整理典型调查资料，将有关因子进行量化处理，提出有关植被恢复技术和典型设计的技术标准和规范。

典型对比分析：将林木生长好、生态效益高的调查样地和林木生长差、生态效益低的样地进行对比分析，探寻适宜的植被恢复技术措施。

综合归纳法：将调查、收集的资料和上述方法分析的结果，结合立地条件综合归纳，以图、表、文相结合的方式设计出植被恢复模型。

2 四川岩溶区石漠化土地特征及生态环境脆弱性评价

2.1 四川地理概况

地理位置：四川位于中国西南内陆腹地，地处长江上游、黄河上游，介于东经92°21′~108°12′、北纬26°03′~34°19′之间，与滇、黔、渝、藏、青、甘、陕西部7省（市、区）接壤，是承东接西的纽带，连接西南和西北的桥梁。全省辖区面积48.6万km²，约占长江上游的一半，是长江上游生态屏障的主体区，在国家生态安全格局中具有重要地位。

地形地貌：四川位于我国大陆地势三大阶梯中的第一级和第二级，跨越第一级青藏高原和第二级四川盆地及其周围山地，高低悬殊，西高东低的特点特别明显。四川省大致可分为四川盆地和川西高原两大部分。西部为高原，海拔多在3 500m以上；东部为盆地，海拔多在400~2 000m之间。四川盆地是我国四大盆地之一，面积16.5万km²。盆地四周为邛崃山、岷山、大巴山等山地所绕，重峦叠嶂。盆地中部海拔400~800m，地势微向南倾斜，岷江、沱江、嘉陵江从北部山地向南流入长江。西部川西高原，海拔3 000~5 000m，山高谷深，高山峡谷间大江如带，山、河呈南北走向，有沙鲁里山、大雪山等，金沙江、雅砻江、大渡河等穿流其间。四川地貌类型多样，有平原、丘陵、山地和高原4大类，以山地为主，其次为高原。

气候：四川省气候区域性、过渡性和复杂性特征突出。按照水热和光照条件，分为四川盆地中亚热带湿润气候区、川西南山地亚热带半湿润气候区、川西北高山高原高寒气候区。气候类型多样，垂直差异大，季风气候明显，区域特色鲜明，气候灾害种类多。

水文：四川境内水系发达，有大小河流1 200余条，属于长江水系面积占96.5%，属于黄河水系面积占3.5%。江河的源头或上游段大都穿行于高山峡谷区，中游流经盆周山地，中、下游曲流于盆地丘陵地带，最后汇入长江，属长江上游水系；只有白河、黑河汇入黄河。四川水能资源蕴藏量达1.5亿kW，仅次于西藏，可开发量近1亿kW，位居全国首位。

土壤：四川地域辽阔，土壤类型多样。大致可分为四川东部盆地湿润森林土壤地带、川西南山地河谷森林土壤地带、四川西部山地高原半湿润半干旱森林与高山草甸土壤地带。东部盆地内丘陵连绵，地表出露的主要是侏罗系、白垩系紫色砂泥岩，发育为紫色土，由此形成了著名的"红色盆地"。除西南部及南部的白垩系灌口组和夹关组部分母质呈酸性反应外，其余绝大部分呈中性或碱性反应。在盆地东部渠河和长江之间，为一组东北—西南走向的平行岭谷，山上多出露三叠系须家河组厚层砂岩和二叠系、三叠系石灰岩，发育为黄壤。川西平原集中分布着大面积的潮土。盆周山地土壤具有明显的垂直分布特征，自下而上依次为黄壤—黄棕壤—棕壤—暗棕壤—棕色针叶林土；川西南山地河谷地势高低悬殊，土壤垂直带谱为燥红土、红壤、红棕壤、暗棕壤、棕色针叶林土和山地草甸土；在西部山地高原面上，主要分布山地草甸土、亚高山草甸土、高山草甸土，以及呈块状分布的沼泽土，高山峻岭还分布着高山寒漠土。在高原面以下，主要分布灰褐土、褐土、棕壤，向上还有暗棕壤、棕色森林土及亚高山草甸土。

植被：四川省植物种类占全国30%以上，是全国植物资源最丰富省区之一，也是全球25个生物多样性保护热点地区之一，有森林、灌丛、草原、草甸、竹林、沼泽等植被。2015年，全省森林覆盖率36.02%，森林主要集中在盆地常绿阔叶林地带和川西高山峡谷亚高山针叶林地带，川西北高原以高山灌丛、草甸为主。

社会经济情况：四川省辖21个（市、州），183个县（市区），辖区面积48.6万km²。2014年末，全省人口8 140.2万人，占全国6.0%，居全国各省（市、区）第3位。有55个民族，少数民族人口超过400万人，占总人口5%左右。彝、藏、羌、苗、回、蒙古、土家、傈僳、满、纳西、布依、白、壮、傣等少数民族世居省内，是全国第二大藏族聚居区、最大的彝族聚居区和唯一的羌族聚居区。

2014年，四川省实现地区生产总值（GDP）28 536.66亿元，其中，第一产业增加值3 531.05亿元，第二产业增加值13 962.41亿元，第三产业增加值11 043.20亿元。三次产业对经济增长的贡献率分别为12.4%、48.9%和38.7%。

2.2 四川岩溶区石漠化土地现状及特征

2.2.1 四川岩溶区石漠化土地现状

2.2.1.1 岩溶区自然概况

地理位置：四川岩溶区主要分布在川西南山地区、川南盆地边缘区、川东平行岭谷区、盆中丘陵区，介于东经100°07′～107°15′、北纬26°10′～30°41′之间。石漠化土地以川西南山地区和川南盆地边缘区为主。

地形地貌：四川岩溶区石漠化土地分布区地层以三叠系、二叠系灰岩、白云质灰岩地层最为严重；石漠化发育区地貌类型主要为中、低山石丘坡地、溶蚀残丘、宽谷盆地为主。

气候：受地理位置和地形的影响，四川岩溶区各地的气候差异明显。东部盆地年平均气温 14℃~19℃。全年≥10℃的积温 4 200℃~6 100℃，无霜期 280~300 天。全年日照 900~1 600 小时。年降水量 900~1 200mm。川西南山地年平均气温：谷地 15℃~20℃，山地 5℃~15℃。全年≥10℃积温德昌以南河谷>4 500℃，以北锐减至 2 000℃。全年日照时数 1 200~2 700 小时。年降水 800~1 200mm。2008 年该区出现了雨雪冰冻灾害。

水文：四川岩溶区属长江水系，河流众多，水量丰富，具有夏涨冬枯、暴涨暴落的特点。地表下垫面透水性强，地下水文过程活动强烈，地下水位埋深一般大于 100m，森林植被一旦遭到破坏，导致调水蓄水能力减弱，水资源利用率低，极易造成旱涝灾害。

土壤：四川岩溶区成土母岩主要为灰岩、白云质灰岩以及灰岩夹粉砂岩、砾岩等，土壤类型较为丰富。碳酸盐岩质地较纯，含不溶水分较少，风化成土速度慢。岩溶区土层薄，土壤松散，砾石多，岩土间附着力极低，在缺乏植被保护的情况下土壤容易被冲刷，致使土壤生产力低下。四川岩溶区主要有黄色石灰土、棕色石灰土、红色石灰土和黑色石灰土 4 个亚类，受发育程度和淋溶作用的影响，有部分山地黄壤。

植被：四川岩溶区地形复杂，气候多样，孕育了十分丰富的生物资源和植被类型。据不完全统计，有高等植物 270 余科，1 700 多属，近万种，其中乔木约 1 000 种；形成了亚热带常绿阔叶林、亚热带落叶阔叶林、常绿落叶阔叶混交林、竹林、灌木林和灌草丛。主要乔木树种有马尾松、云南松、柏木、栎类等；灌木树种有紫穗槐、盐肤木、马桑、小铁仔等；主要经济树种有核桃、板栗、油桐、柑橘、柚等；竹类有慈竹、楠竹、杂交竹等。值得关注的是，碳酸盐岩分布区对植物有严格的选择性，植被具有喜钙、旱生、石生的特点，生长缓慢，适生树种少，群落结构简单，群落的自调控力弱，当受到外界因素尤其是人为活动因素的干扰时，极易导致群落逆向演替。

社会经济情况：四川岩溶区涉及 10 个市（州）46 个县（市、区），辖区面积 11.75 万 km^2。2014 年，岩溶区总人口 1 754.2 万人，其中农业人口 1 423.3 万人，占区域总人口的 81.1%。四川岩溶区有少数民族县 20 个，居住着彝族、藏族、苗族、土家族等 30 多个民族，少数民族人口约 272 万人。2014 年，岩溶区 46 个县（市、区）实现地区生产总值（GDP）4 435.54 亿元，其中，第一产业增加值 701.39 亿元，第二产业增加值 2 580.10 亿元，第三产业增加值 1 154.05 亿元。三次产业对经济增长的贡献率分别为 15.8%、58.2% 和 26.0%。

2.2.1.2 岩溶区石漠化土地现状

据 2011 年调查监测，四川岩溶区面积 277.7 万 hm^2，占全省面积的 5.7%。其中石漠化土地面积 73.2 万 hm^2，占岩溶区面积的 26.3%；潜在石漠化土地 76.9 万 hm^2，占 27.7%；非石漠化土地 127.6 万 hm^2，占 46.0%（详见图 2-1）。

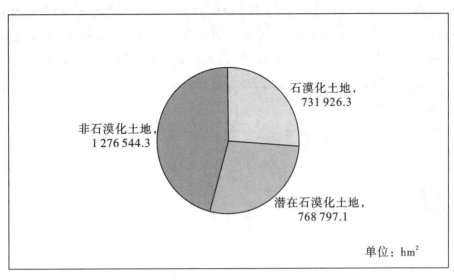

图 2-1　四川岩溶区石漠化土地现状图

四川石漠化土地涉及全省 10 个市（州）的 46 个县（市、区），主要分布在凉山彝族自治州和泸州市，其中凉山彝族自治州石漠化土地面积达 42.9 万 hm²，占四川全省石漠化土地面积的 58.67％；其次泸州市石漠化土地面积 15.4 万 hm²，占四川全省石漠化土地面积的 21.02%。石漠化土地面积最小的市（州）是甘孜藏族自治州，仅分布于康定市，面积 0.3 万 hm²，占四川全省石漠化土地面积的 0.45%。各市州石漠化土地面积详见表 2-1。

表 2-1　　　　　　　　　四川省岩溶区土地面积统计表　　　　　　　单位：hm²

调查单位	合计	石漠化		潜在石漠化		非石漠化	
		面积	%	面积	%	面积	%
四川省	2 777 267.7	731 926.3	100.0	768 797.1	100.0	1 276 544.3	100.0
攀枝花市	29 770.8	7 089.1	0.97	15 922.7	2.07	6 759.0	0.53
泸州市	330 278.4	153 819.2	21.02	87 592.0	11.39	88 867.2	6.96
内江市	15 702.0	4 102.3	0.56	2 711.8	0.53	8 887.9	0.70
乐山市	180 229.5	19 678.8	2.69	30 733.1	6.96	129 817.6	10.17
眉山市	23 227.5	4 056.9	0.55	15 265.3	0.70	3 905.3	0.31
宜宾市	149 657.5	24 785.4	3.39	60 838.0	10.17	64 034.1	5.02
广安市	78 588.3	34 315.5	4.69	30 422.9	0.31	13 849.9	1.08
雅安市	229 700.3	51 272.4	7.01	85 427.3	5.02	93 000.6	7.29
甘孜藏族自治州	45 549.6	3 360.7	0.45	42 171.8	1.08	17.1	0.00
凉山彝族自治州	1 694 563.8	429 446.0	58.67	397 712.2	7.29	867 405.6	67.94

四川省岩溶区面积 277.7 万 hm²，其中耕地 57.8 万 hm²，占辖区面积的 20.8%；林业用地 195.4 万 hm²，占 70.36%；草地 10.2 万 hm²，占 3.68%；未利用地 11.6 万 hm²，占 4.2%；建设用地 1.7 万 hm²，占 0.6%；水域 1.0 万 hm²，占 0.36%（详见图 2-2）。

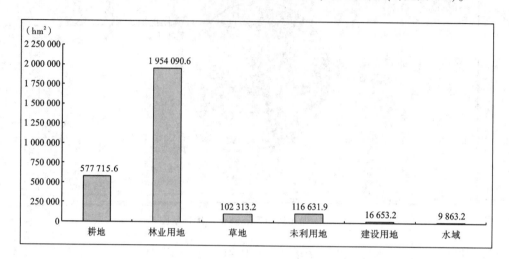

图 2-2　四川岩溶区土地利用现状图

岩溶区林业用地林地 195.4 万 hm² 中，有林地 110.6 万 hm²，占林业用地面积的 56.59%；疏林地 3.7 万 hm²，占 1.92%；灌木林地 72.2 万 hm²，占 36.93%；未成林造林地 2.1 万 hm²，占 1.07%；宜林地 4.9 万 hm²，占 2.54%；其他林地（无立木林地、林业生产辅助用地）1.9 万 hm²，占 0.95%（见图 2-3）。

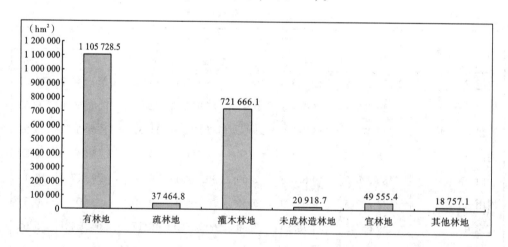

图 2-3　四川岩溶区土地利用现状图

从流域分布看，四川石漠化土地主要分布雅砻江和长江上游干流区域，其中雅砻江流域 25.1 万 hm²，占四川省石漠化土地面积的 34.25%；长江干流区域面积 17.8 万 hm²，占四川省石漠化土地面积的 24.4%。沱江流域分布最少，仅约 0.4 万 hm²，占四川省石漠化土地面积的 0.55% （详见图 2-4）。

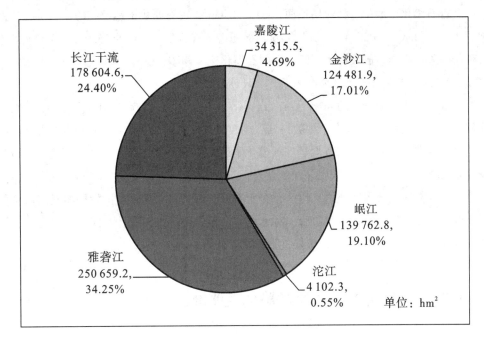

图 2-4　四川石漠化土地按流域分布图

2.2.2　四川岩溶区石漠化土地特征

2.2.2.1　面积大、分布广

四川岩溶区石漠化土地总面积 73.2 万 hm²，占岩溶区土地面积的 26.3%；潜在石漠化土地 76.9 万 hm²，占 27.7%。石漠化土地涉及全省 10 个市（州）46 个县（市、区），地理坐标介于东经 100°07′~107°15′和北纬 26°10′~30°41′之间，横跨 8 个纬度、纵跨近 5 个纬度。

石漠化土地按区域地貌大致可分为川西南山地区、川南盆地边缘区、川东平行岭谷区、川中丘陵区，以川西南山地区和川南盆地边缘区为主，川西南山地区 51.0 万 hm²，占全省石漠化土地面积的 69.7%，川南盆地边缘区石漠化土地 18.3 万 hm²，占 25.1%。

2.2.2.2　石漠化发育程度深

全省 73.2 万 hm² 石漠化土地中，中度石漠化土地 40.4 万 hm²，占 55.2%；重度和极重度石漠化土地面积 15.0 万 hm²，占 20.6%。中度及以上石漠化土地面积占了 3/4。

由于石漠化发育程度深，石漠化土地土层十分瘠薄，植被盖度小。经统计分析，土壤土层厚度小于 20cm 的石漠化土地面积达 1 470 219.2hm²，占石漠化土地总面积的 52.94%；植被综合覆盖度小 50% 的石漠化土地面积 1 250 754.8hm²，占石漠化土地面积的 45.04%。这增加了石漠化土地的治理难度。

2.2.2.3　土地利用类型以林地和耕地为主

全省石漠化土地中，林业用地面积 32.6 万 hm²，占石漠化土地面积的 44.6%；耕地面积 22.3 万 hm²，占 30.4%。林地和耕地面积占全省石漠化土地的 75.0%，这与人类不合理的樵采、耕作、放牧等生产活动加剧石漠化土地相印证。

2.2.2.4　石漠化土地主要分布于少数民族地区

全省石漠化土地分布的 46 个县（市、区）中，有少数民族县 20 个，居住着彝族、藏族、苗族、土家族等 30 多个少数民族，少数民族人口约 271.7 万人，约占全省少数民族人口总数的 68%；少数民族聚居区石漠化土地面积 44.5 万 hm²，占全省石漠化土地面积的 60.8%。

这些少数民族县因地处边远地区，交通不便，信息较闭塞，经济发展相对滞后，使得该地区生产、生活方式相对落后，对土地的依赖程度高。据统计，四川省岩溶区有国家扶贫开发重点县 16 个，占四川扶贫开发重点县的 44.4%。

2.3　四川岩溶区生态环境脆弱性评价

2.3.1　生态环境脆弱性评价指标体系的构建

岩溶区生态系统具有复杂性、多样性、不确定性等特征。因而，针对不同的评价尺度和评价目的，选择合适的评价指标是正确评价岩溶区生态环境脆弱性的关键，指标必须具有以下特征：①相关性，与脆弱环境紧密相关；②可理解性，能理解指标的含义；③可靠性，能准确描述岩溶生态环境；④数据易得性，数据容易获取，并能提供适时信息。根据以上原则，选择基岩类型、基岩裸露度、地形坡度、土层厚度、地貌类型（岩溶地貌）、水土流失、植被类型、植被盖度、土壤类型、旱涝灾害承灾能力、石漠化程度和土地利用类型等为评价指标。指标可分为影响指标、状态指标和响应指标 3 类。

影响指标与环境受到不同方面的压力、制约、威胁、损害有关，包括形成区域生态环境的自然条件影响，与自然条件有关的指标包括基岩类型、岩溶地貌和地形坡度；与人为因素有关的指标包括土地承载力、土地利用类型（方式）等。

状态指标是指在人为因素和自然因素的作用下，生态环境的退化状态或某一方面的状况。这类指标与环境质量有关，用自然环境的物理特征来描述。分为土壤和植被两类，土壤类包括土壤类型、土层厚度和基岩裸露度；植被类有植被类型、植被覆盖度等。

响应指标是各种驱动力和影响因素对岩溶环境作用的结果，如石漠化程度、水土流失和对洪涝灾害的承灾能力等。指标体系如表 2-2 所示。

表 2-2		岩溶区生态环境脆弱性评价指标		
指标类型	类别	指标	参数	
影响指标	基岩	基岩类型		
	地貌	地貌类型	岩溶地貌	
		地形坡度	坡度	
	社会因素	土地利用类型		
		土地承载力		
状态指标	土壤	土壤条件	土壤类型、土层厚度	
		基岩裸露度	岩石裸露度	
	植被	植被覆盖度	植被综合覆盖度	
		植被类型	植被群落结构	
响应指标	石漠化程度	石漠化程度	轻度、中度、重度、极重度	
	自然灾害	洪涝灾害	自然环境对灾害的承灾能力	
	水土流失		岩溶区水土流失严重范围的分布状况	

2.3.2 生态环境脆弱性指标值来源分析

根据 2011 年四川省岩溶区石漠化监测数据和《岩溶地区石漠化监测技术规定》(国家林业局,2011 年修订),统计分类整理得到四川岩溶区石漠化土地生态环境脆弱性指标评价分组区间基础数据,各指标整理后的分组基础数据如下:

(1)基岩类型

四川岩溶基岩以石灰岩为主,面积达 265.7 万 hm^2,占岩溶区面积的 95.66%,其次是白云岩(见表 2-3)。

表 2-3	岩溶区基岩类型面积统计表	
基岩类型	面积(hm^2)	占岩溶区面积比例(%)
合计	2 777 267.7	100.00
白云岩	120 580.8	4.34
石灰岩	2 656 686.9	95.66

由于岩溶区基岩主要为碳酸盐类的石灰岩,其主要成分具可溶性,而其成土过程极其缓慢,从而导致土层浅薄,土被不连续,碳酸盐类基岩是岩溶生态环境脆弱的背景条件。

(2)基岩裸露度

基岩裸露度是岩溶区石漠化土地和判定石漠化程度的重要依据,是岩溶生态环境脆弱性的主要评价指标之一。统计表明,四川岩溶区非石漠化土地(基岩裸露度<30%)占岩溶区土地面积的 46.97%,潜在石漠化和石漠化土地占岩溶区面积的 54.03%。其中,基岩裸露度 30%~39%的面积占岩溶区面积 26.66%,40%~49%占 14.99%。各基岩

裸露度范围面积和占岩溶区面积的百分比如表2-4、图2-5所示。

表2-4　　　　　　　　　　岩溶区基岩裸露度面积统计表

基岩裸露度（%）	面积（hm²）	占岩溶区面积的比例（%）
合计	2 777 267.7	100.00
30 以下	1 276 544.3	45.97
30~39	740 543.6	26.66
40~49	416 203.8	14.99
50~59	194 779.4	7.02
60~69	102 505.6	3.69
70 以上	46 691.0	1.67

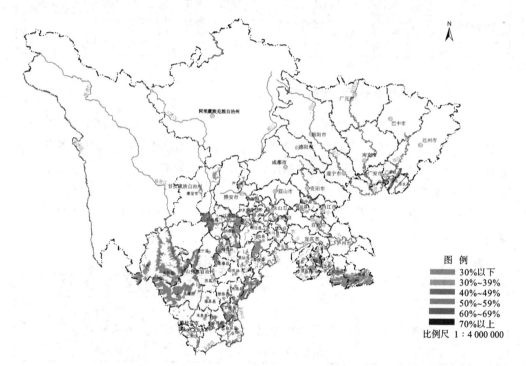

图 2-5　岩溶区基岩裸露度分布图（彩色效果图另见本书附页）

（3）岩溶地貌类型

　　四川岩溶区岩溶地貌主要有6种类型：即峰丛洼地、孤峰残丘及平原、岩溶槽谷、岩溶丘陵、岩溶山地和岩溶峡谷。岩溶山地和岩溶槽谷分布面积最大，两者面积达190.0万 hm²，占岩溶区面积的68.42%，面积最小的是峰丛洼地、孤峰残丘及平原，两者仅占岩溶区面积的1.16%。岩溶地貌是岩溶区生态环境脆弱的直观表现（见表2-5，图2-6）。

表 2-5　　　　　　　　　岩溶地貌面积统计表

岩溶地貌	面积（hm²）	占岩溶区面积比例（%）
合计	2 777 267.7	100.00
峰丛洼地	16 555.1	0.60
孤峰残丘及平原	15 550.1	0.56
岩溶槽谷	913 306.8	32.89
岩溶丘陵	240 605.2	8.66
岩溶山地	986 678.7	35.53
岩溶峡谷	604 571.8	21.77

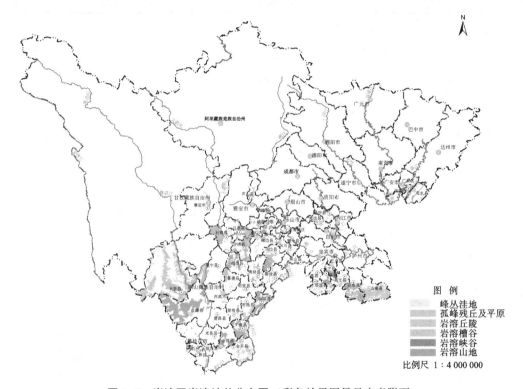

图 2-6　岩溶区岩溶地貌分布图（彩色效果图另见本书附页）

（4）地形坡度

根据《岩溶地区石漠化监测技术规定》（国家林业局，2011 年修订）规定，四川岩溶区地形坡度划分为平坡（<5 度）、缓坡（5~14 度）、斜坡（15~24 度）、陡坡（25~34 度）、急坡（35~44 度）、险坡（≥45 度）6 个等级。岩溶区土地面积按坡度级分布情况为斜坡>陡坡>急坡>缓坡>险坡>平坡，各坡度级面积依次为 93.4 万 hm²、87.0 万 hm²、41.7 万 hm²、32.1 万 hm²、17.3 万 hm²、6.3 万 hm²，分别占岩溶区土地面积的 33.62%、31.32%、15.02%、11.55%、6.24%、2.26%（见表 2-6，图 2-7）。坡度与水土流失、植被恢复与生长关系密切，不同的坡度级在一定程度上可以体现生态环境不同的脆弱等级，坡度越大环境越脆弱。

表 2-6   岩溶区土地坡度级面积统计表

坡度级	面积（hm²）	占岩溶面积比例（%）
合计	2 777 267.7	100.00
平坡	62 709.8	2.26
缓坡	320 660.7	11.55
斜坡	933 748.1	33.62
陡坡	869 704.6	31.32
急坡	417 187.6	15.02
险坡	173 256.9	6.24

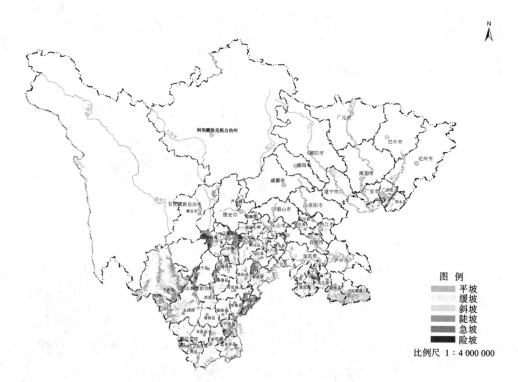

图 2-7　岩溶区土地坡度级分布图（彩色效果图另见本书附页）

（5）土地利用类型

四川岩溶区土地利用类型以林地和耕地为主，耕地以旱地居多。在岩溶区内耕地面积占岩溶区县（市、区）面积和岩溶区面积的 37.98%、20.08%，林地面积占岩溶区县（市、区）面积和岩溶区面积的 31.94%、70.36%（见表 2-7、见图 2-8）。土地利用强度与石漠化土地密切相关，开垦和过度利用耕地，导致生态环境越来越脆弱。

表 2-7　　　　　　　　　　　岩溶区土地利用分类面积统计表

土地利用类型	岩溶县(市、区)面积(hm^2)	岩溶区面积(hm^2)	占岩溶县(市、区)面积比例(%)	占岩溶区面积比例(%)
计	10 477 967.8	2 777 267.7	26.51	100.00
耕地	1 520 922.8	577 715.6	37.98	20.80
林地	6 117 340.8	1 954 090.6	31.94	70.36
草地	1 638 861.7	102 313.2	6.24	3.68
建设用地	196 049.4	16 653.2	8.49	0.60
水域	212 558.2	9 863.2	4.64	0.36
未利用地	792 235.0	116 631.9	14.72	4.20

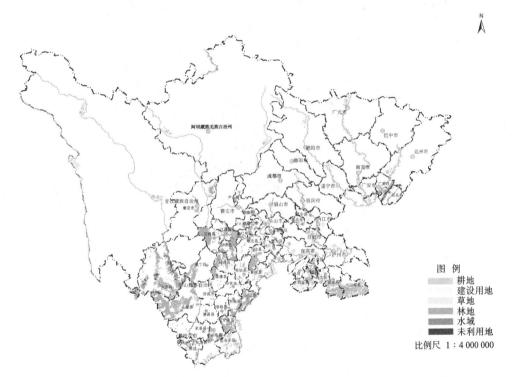

图 例
耕地
建设用地
草地
林地
水域
未利用地

比例尺 1∶4 000 000

图 2-8　岩溶区土地利用类型分布图 (彩色效果图另见本书附页)

(6) 土地承载力

根据调查资料统计,岩溶区粮食单产小于 $3.0t/hm^2$ 的有 12 个县,$3\sim7.0t/hm^2$ 的有 14 个县,大于 $7.0t/hm^2$ 的有 14 个县,粮食单产较高的县主要集中在盆中丘陵区和川南盆地边缘区,川西南山地区单产最低。胡衡生等(2001)对土地人口承载力的分析表明,土地人口承载力可以以人均消费粮食水平的高低来衡量,联合国粮农组织和世界卫生组织认为满足人们正常生理活动需要的最低热量标准为人均每人每天 8.78×10^6 J;中国营养学会专家计算人均每人每天摄入量的正常值为 $1×10^7$ J，最低 $8.78×10^6$ J，如以 $8.78×10^6$ J 作为每人每天维持生存的最低摄入量，人均 400kg 粮食可满足 $1×10^7$ J 热量，人均 210kg 粮食可满足 $8.78×10^6$ J 热量。按照该标准，人均粮食大于 400kg 则属于载量富余地区；人均粮食介于 300~400kg 之间则属于临界地区；人均粮食介于 210~300kg 之间则属于超载地区；人均粮食小于 210kg 则属于严重超载地区。如图 2-9 所示，四川岩溶区富余地区有 8 个县（市、区），临界地区有 7 个县（市、区），超载地区有 8 个县（市、区），严重超载地区有 21 个县（市、区），严重超载县最多（见图 2-9）。

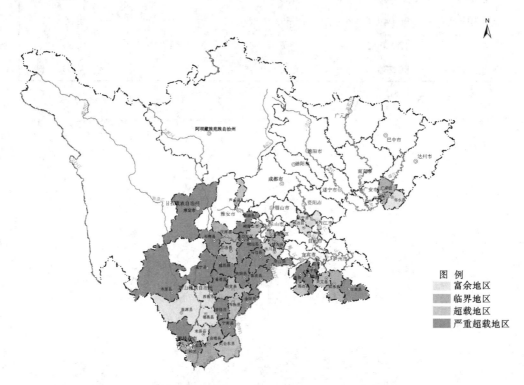

图 2-9　岩溶区土地承载力示意图（彩色效果图另见本书附页）

（7）土层厚度

根据《岩溶地区石漠化监测技术规定》（国家林业局，2011 年修订）土层厚度的划分标准，土层厚度划分为中厚（≥40cm）、薄（20~39cm）、较薄（10~19cm）和极薄（<10cm）4 个等级，四川岩溶区土地土层厚度以薄层和较薄层为主，其中薄层土面积 102.9 万 hm²，占岩溶区土地面积的 37.05%；较薄层土面积 80.2 万 hm²，占岩溶区土地面积的 28.89%。另外，极薄层土面积 66.8 万 hm²，占到岩溶区土地面积的 24.05%（见表 2-8、图 2-10）。

表 2-8 岩溶区土壤土层厚度面积统计表

土层厚度	面积（hm²）	占岩溶区面积比例（%）
计	2 777 267.7	100.00
中厚	278 119.2	10.01
薄	1 028 929.3	37.05
较薄	802 261.5	28.89
极薄	667 957.7	24.05

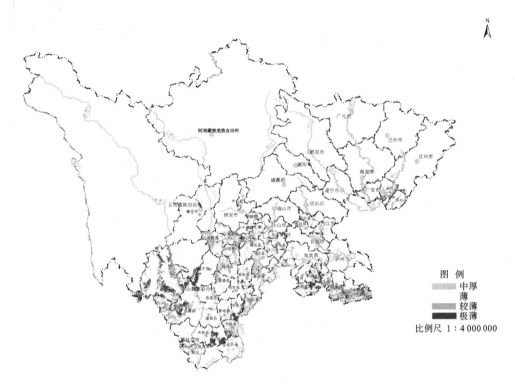

图 2-10 岩溶区土壤土层厚度分布图（彩色效果图另见本书附页）

（8）土壤类型

四川岩溶区土壤覆盖区面积 263.4 万 hm²，占岩溶区面积 94.85%，非土壤覆盖区（水域、建设用地、裸岩等）面积 14.3 万 hm²，占岩溶区面积的 5.15%。岩溶区土壤类型主要有黄壤、黄色石灰土、黑色石灰土、红色石灰土和棕色石灰土。其中，黄壤在岩溶区均有分布，黄色石灰土和黑色石灰土主要分布在盆中丘陵地区、平行岭谷区和川南盆地边缘山地区，红色石灰土和棕色石灰土主要分布在川西南山地区。黄壤、黄色石灰土、黑色石灰土、红色石灰土、棕色石灰土面积分别占岩溶区土壤面积的 13.86%、24.43%、6.34%、7.84%、43.03%（见表 2-9、图 2-11）。

表 2-9   岩溶区土壤类型及面积统计表

土壤名称	土壤覆盖区面积（hm²）	占土壤覆盖区面积比例（%）
合计	2 634 119.4	100.00
黑色石灰土	167 124.9	6.34
红色石灰土	206 606.1	7.84
黄色石灰土	643 535.4	24.43
棕色石灰土	1 133 339.5	43.03
黄壤	483 513.5	18.36

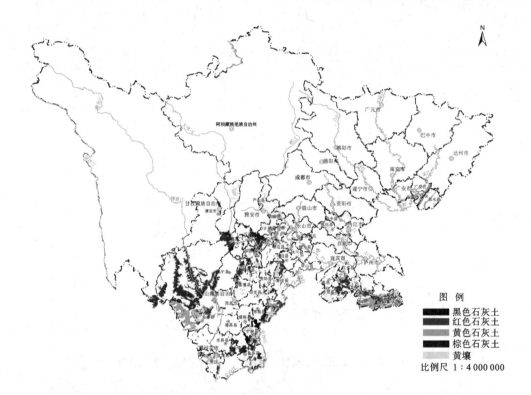

图 2-11　岩溶区土壤类型分布图（彩色效果图另见本书附页）

（9）植被盖度

岩溶区土地植被盖度是衡量石漠化土地程度的一个重要指标，也是生态环境脆弱程度的客观表现形式之一。四川岩溶区土地植被综合盖度在 30%~69% 之间，约占 45.05%（见表 2-10、图 2-12）。

表 2-10　　　　　　　　　　岩溶区土地植被盖度面积统计表

植被综合盖度（%）	面积（hm²）	占岩溶区面积的比例（%）
合计	2 777 267.7	100.00
10 以下	59 095.3	2.13
10~29	80 094.5	2.88
30~49	533 849.4	19.22
50~69	717 272.6	25.83
70 以上	809 240.3	29.13
30~49（耕地）	577 715.6	20.81

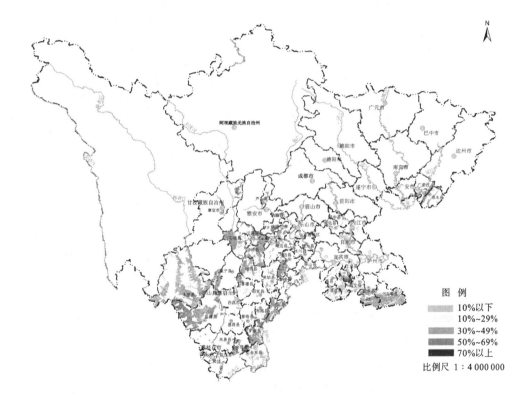

图 2-12　岩溶区植被盖度分布图（彩色效果图另见本书附页）

（10）植被类型

四川岩溶区植被类型主要有乔木型、灌木型、草丛型、旱地作物型和无植被型 5 类，以乔木型为主，面积 116.4 万 hm²，占岩溶地面积的 41.92%；其次是灌木型，灌木型面积 72.9 万 hm²，占岩溶区面积的 26.26%（见表 2-11、图 2-13）。

表 2-11　　　　　　　　岩溶区植被类型及面积统计表

土壤名称	岩溶区面积（hm²）	占岩溶区面积比例（%）
合计	2 777 327.7	100.00
草丛型	161 237.3	5.81
灌木型	729 588.7	26.26
旱地作物型	548 677.6	19.76
乔木型	1 164 146.0	41.92
无植被	173 678.1	6.25

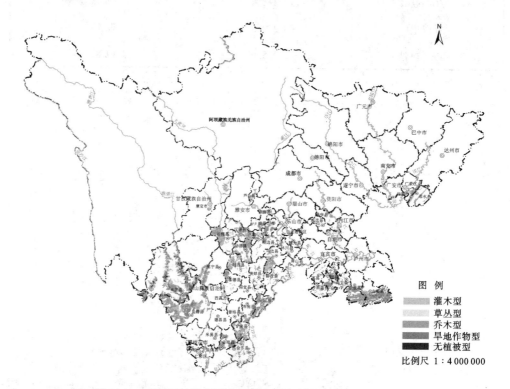

图 2-13　岩溶区植被类型分布图（彩色效果图另见本书附页）

（11）石漠化程度

四川岩溶区石漠化土地面积 73.2 万 hm²，按石漠化程度分，轻度石漠化、中度石漠化、重度石漠化和极重度石漠化土地面积分别为 17.7 万 hm²、40.5 万 hm²、12.7 万 hm²和 2.3 万 hm²，分别占石漠化土地面积的 24.2%、55.2%、17.4% 和 3.2%（见表 2-12、图 2-14）。

表 2-12　　　　　　　　岩溶区各县石漠化面积统计表　　　　　　　　单位：hm²

合计	石漠化					潜在石漠化	非石漠化
	计	轻度石漠化	中度石漠化	重度石漠化	极重度石漠化		
2 777 267.7	731 926.3	177 120.4	404 334.9	127 422.2	23 048.8	768 797.1	1 276 544.3

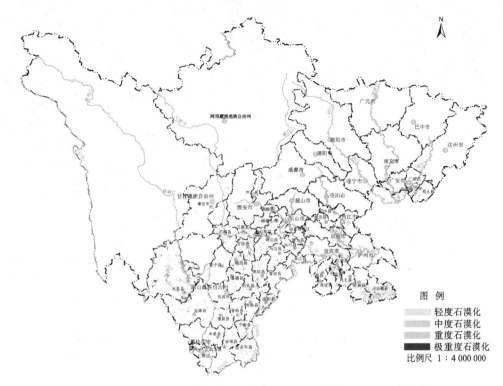

图 2-14　岩溶区石漠化石漠化土地程度分布图（彩色效果图另见本书附页）

（12）水土流失

水土流失是评价岩溶区生态环境功能必不可少的指标。岩溶区有众多的地下河、洞穴，因此，土壤的流失除了地表流失外，还通过暗河、溶洞等地下通道流失。水土流失不仅减少了土壤，降低土壤养分和有机质的多样性及丰富程度，影响植被、农作物的生长，还造成严重的地质灾害等环境问题，如堵塞河道、水库等（见图 2-15）。

（13）旱涝灾害承灾力

旱涝灾害是岩溶区生态环境脆弱的重要特征之一，岩溶发育形成了双层岩溶水文地质，地表水留不住，地下水深埋，农田普遍季节性干旱。而大雨来临时，由于排水不畅，在岩溶洼（槽）谷地区易形成涝灾。资料表明，盆地东部所有涝年（包含特涝、大涝、偏涝，下同）出现的频率为 25.5%，所有旱年（包含特旱、大旱、偏旱，下同）出现的频率约为 34%；盆地中部所有涝年出现的频率为 29.8%，所有旱年出现的频率约为 31.9%；川西南山地区所有涝年出现的频率为 25.5%，所有旱年出现的频率约为 31.9%。

有了致灾因子并不意味着某种灾害就一定存在，只有在某种灾害有可能危害承灾体时，才能认为该区域存在该灾害的风险。根据四川省暴雨洪涝灾害风险区划，岩溶区暴雨洪涝灾害承灾体易损性的区域空间分布如图 2-16 所示。

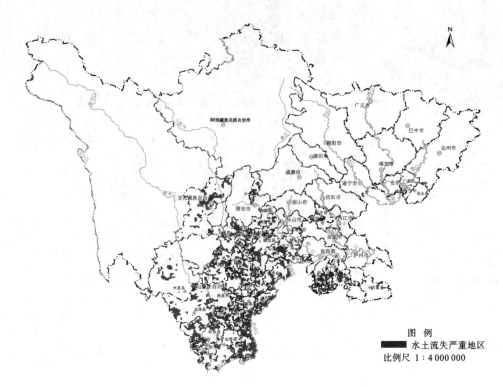

图 2-15 岩溶区水土流失分布图（彩色效果图另见本书附页）

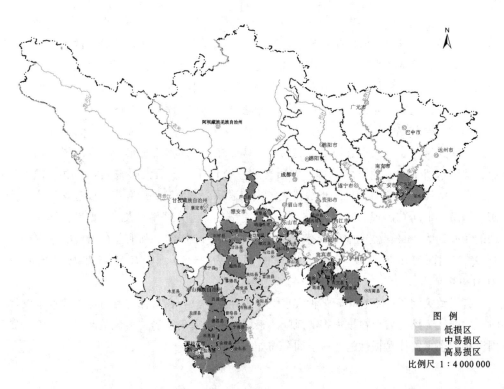

图 2-16 岩溶区洪涝灾害承灾力分布图（彩色效果图另见本书附页）

2.3.3　各评价指标权重确定

采用层次分析法评价岩溶区生态环境的脆弱性。层次分析法是由美国数学家（T. L. Saaty）提出，是一种定性分析和定量分析相结合的综合评判方法，在社会、经济和自然科学等各个领域得到广泛应用。本次评价以长期从事岩溶研究的专家打分为基础，采用1~9及其倒数的标准打分，构造判断矩阵，用方根法计算判断矩阵的特征根及其特征向量，此特征向量就是各评价因子的重要性排序，即权重的分配（见表2-13）。

表2-13　　　　　　　　　　　　　　　评价指标权重表

类别	基岩		地形		土地				植被		灾害		
权重	0.15		0.14		0.31				0.1		0.3		
指标	基岩裸露度	基岩类型	地貌类型	坡度	土地利用类型	土地承载力	土层厚度	土壤类型	植被盖度	植被类型	石漠化程度	土壤侵蚀	旱涝灾害承灾能力
权重	0.05	0.1	0.07	0.07	0.13	0.07	0.07	0.04	0.07	0.03	0.1	0.05	0.15

2.3.4　指标量化处理

依据在评价体系中设定的因子，制作各评价因子的专题信息图件，如数字化基岩、基岩裸露度、地貌类型、地形坡度、土地利用类型、土地承载力、土层厚度等矢量图层，并把矢量数据图层转换成栅格数据图层。所有数据均为100m×100m的栅格，每一栅格为一个基本评价单元。对地形坡度图层，利用地形等高线构造TIN模型，再由高程数据得到坡度数据集，利用GIS的空间分析功能将评价因子的专题信息集成到相应的评价单元。本次数据集成运算采用栅格结构，为了保证不同的专题数据层面具有良好的空间重合性，各数据层采用统一的坐标系和投影系统。

量化指标，由于各评价因子为不同量纲的数据集，不具有可比性，为了合并这些数据集，需要进行量化处理，即给评价因子设置相同的等级体系。这个相同的等级体系就是每一个单元的生态脆弱程度。给定每项指标的分值，易脆弱的属性赋予较高的分值（见表2-14）。

表2-14　　　　　　　　　　　　　　　评价指标分值表

分值	5	4	3	2	1	0
地貌类型	峰丛洼地峰林洼林	岩溶山地	岩溶峡谷	岩溶槽谷	岩溶丘陵	孤峰残丘及平原
基岩类型	石灰岩	白云岩				

表2-14(续)

分值	5	4	3	2	1	0
岩石裸露度	>70%	60%~69%	50%~59%	40%~49%	30%~39%	<30%
地形坡度	险坡 (>46°)	急坡 (36~45°)	陡坡 (26~35°)	斜坡 (16~25°)	缓坡 (6~15°)	平坡 (0~5°)
土地利用类型	未利用地	其他林地、草地	灌木林地	乔木林地	旱地	水域、水田、建筑用地
土地承载力	严重超载地区		超载地区		临界地区	富余地区
土层厚度	极薄		薄		较薄	中厚
土壤类型	棕色石灰土	黄色石灰土	红色石灰土	黑色石灰土	黄壤	
植被综合盖度	<10%	10%~29%	30%~49%	50%~69%	>70%	
植被类型	无植被型	草丛型	灌木型	乔木型	旱地作物型	
石漠化程度	极重度石漠化	重度石漠化	中度石漠化	轻度石漠化	潜在石漠化	非石漠化
土壤侵蚀	剧烈侵蚀	极强侵蚀	强度侵蚀	中度侵蚀	轻度侵蚀	
旱涝灾害承灾能力	高易损区		中易损区		低易损区	

模型运算：各指标重分类后，各个数据集都统一到相同的等级体系之内，根据层次分析法求得的结果，对不同的图层赋权值进行数据集加权合并运算。计算结果显示了各个单元的脆弱程度，值越高表示环境越脆弱。

$$D_i = \sum_{j=1}^{n} (Wj \times Rj) \tag{1}$$

在式（1）中，D_i 为 i 单元的脆弱性评价指数；W_j 为指标 j 的权重，R_j 为指标 j 分值；n 为指标个数。

脆弱性分级（见图2-17）。

由于目前对岩溶区生态环境脆弱性分级尚无统一的标准，没有普遍认可的评价依据，通过在评价模型中设定的规则，把岩溶区生态环境脆弱性划分为不明显脆弱、轻度脆弱、中度脆弱、重度脆弱、极重度脆弱 5 个等级。结果值 $D \leqslant 1.5$ 为不明显脆弱区，$1.5 < D \leqslant 2.0$ 为轻度脆弱区，$2.0 < D \leqslant 2.5$ 为中度脆弱区，$2.5 < D \leqslant 3.0$ 为重度脆弱区，$D > 3.0$ 为极重度脆弱区。

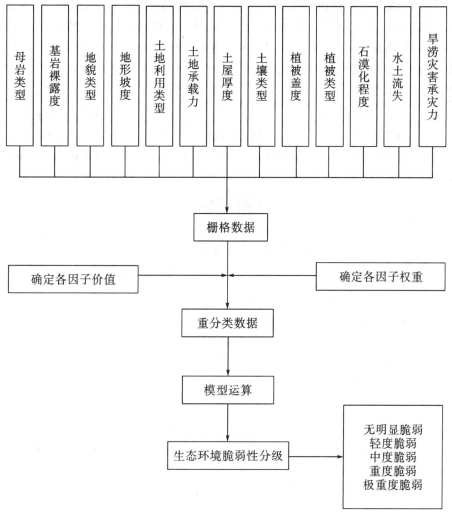

图 2-17　GIS 空间分析模型示意图

2.3.5　生态环境脆弱性评价结果

根据模型运算,将各脆弱性指标值落实到每一个图斑,以便清楚地反映各图斑的生态脆弱等级,以利于有针对性地采取植被恢复措施和确定利用方向,同时将脆弱等级和其他图斑属性纳入四川岩溶区石漠化土地信息管理系统。结果表明,岩溶区 58 159 个图斑中,极重度脆弱图斑 14 381 个,面积 41.5 万 hm²,占岩溶区土地面积的 14.94%;重度脆弱 24 849 个,面积 89.8 万 hm²,占岩溶区土地面积的 32.34%;中度脆弱图斑 16 381 个,面积 88.0 万 hm²,占岩溶区土地面积的 31.69%;轻度脆弱图斑 2 072 个,面积 43.5 万 hm²,占岩溶区土地面积的 15.67%;无明显脆弱图斑 476 个,面积 13.9 万 hm²,占岩溶区土地面积的 5.36%。面积以重度脆弱和中度脆弱为主,占岩溶区面积的 64.03%,其次是轻度脆弱和极重度脆弱。

不同区域脆弱等级面积比例也有一定的差异，川西南山地区，各脆弱区面积分布由大到小为中度>重度>轻度>极重度>无明显，分别占该区面积的 30.19%、26.68%、21.68%、14.46%、6.99%；盆地边缘区，各脆弱区面积分布由大到小为重度>中度>极重度>轻度>无明显，分别占该区面积的 43.70%、34.17%、17.33%、3.12%、1.68%；盆中丘陵区，各脆弱区面积分布由大到小为重度>中度>极重度>轻度>无明显，分别占该区面积的 52.16%、37.72%、4.89%、4.04%、1.19%；平行岭谷区，各脆弱区面积分布由大到小为重度>中度>极重度>无明显>轻度，分别占该区面积的 49.29%、41.76%、4.39%、4.22%、0.35%。四川岩溶区生态环境脆弱程度分区数据如表 2-15，图 2-18 所示。

表 2-15   岩溶区生态环境脆弱性面积统计表   单位：hm²

区域	合计	无明显脆弱	轻度脆弱	中度脆弱	重度脆弱	极重度脆弱
合计	2 777 267.7	138 868.0	435 174.3	880 239.4	898 039.1	414 946.9
川西南山地区	1 888 547.2	132 015.0	409 477.3	570 058.4	503 939.0	273 057.5
盆地边缘区	794 430.2	13 352.9	24 790.6	271 436.3	347 174.8	137 675.6
盆中丘陵区	15 702.0	186.3	633.8	5 923.3	8 190.9	767.7
川东平行岭谷区	78 588.3	3 313.8	272.6	32 821.4	38 734.4	3 446.1

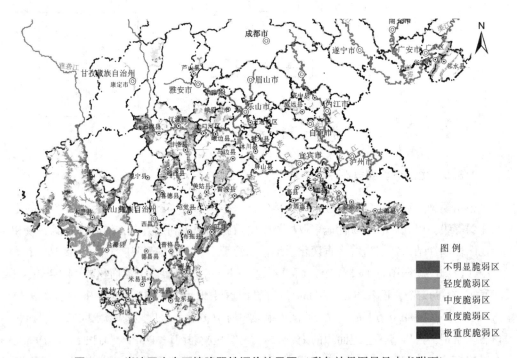

图 2-18 岩溶区生态环境脆弱性评价结果图（彩色效果图另见本书附页）

2.4 岩溶区生态环境与植被恢复的关联性分析

前述生态环境脆弱性分析表明，四川岩溶区生态环境以重度和中度脆弱为主，两者面积之和达 177.8 万 hm^2，占岩溶区面积的 64.03%。生态环境脆弱导致其自身修复能力差，以致岩溶区植被破坏容易恢复困难。自然环境恶劣程度高，植被恢复成功的难度大。生物多样性指数低，动植物群落丰富度不高，生态系统结构简单，以至于植被恢复的环境容量不足、承载力低。

（1）小生境脆弱。岩溶区土地基岩裸露高，基岩裸度≥30%的图斑 51 302 个，占岩溶区图斑数的 88.21%，面积 150.1 万 hm^2，占岩溶区土地面积的 54.03%。原本是森林植被和土壤覆盖的土地变成了岩石或仅剩浅薄的土壤，原来可以发挥强大生态功能的森林消失，这就导致植被生长的小生境发生变化，变得十分脆弱。土壤微生物减少或消失，生态系统物质循环、能量流动和信息交流不畅，不利于森林植被的恢复，即便是恢复，人工植物群落前期的稳定性也很差。

（2）立地条件差。岩溶区地表形态崎岖破碎，多为岩溶槽谷、岩溶山地和岩溶峡谷，坡度一般较大，水土流失严重。据统计，岩溶区坡度 15~34 度的斜坡和陡坡土地面积达 180.3 万 hm^2，占岩溶区面积的 64.94%。坡度大还极易造成水土流失，前述脆弱性分析表明，岩溶区几乎与水土流失严重区相重叠。土壤瘠薄，生产力低，岩溶区土壤土层以薄层（20~39cm）、较薄层（10~19cm）为主，面积达 183.1 万 hm^2，占岩溶区面积的 65.94%，中厚层（≥40cm）土较少，仅有 27.8 万 hm^2，占岩溶区面积的 10.01%。岩溶区土壤以石灰土为主，氮、磷、钾缺乏，高钙，是其土壤养分的主要特征。立地条件差导致森林植被长势差、生长速度慢、生物产量低，人工植被不能快速郁闭成林。

（3）树（草）种选择困难。因其特殊的地貌、地质和土壤条件，岩溶区树（草）种选择困难。岩溶区旱、涝灾害频发，土壤保水性能差，降水很快渗入地下，随暗河、溶洞等地下通道流失，因此对于不耐干旱特别是季节性干旱的树（草）种不宜选择。岩溶区土壤土层大多浅薄，甚至土壤很少，因此对土层厚度要求高的深根性树种不宜选择。岩溶区土壤由石灰岩、白云岩发育而成，大多继承了一些基岩和母质的碱性特征，因而对只适应酸性土壤的树草（种）不宜选择。如此多的不宜就大大地缩小了植被恢复树草（种）的选择空间。

（4）集中成片恢复植被困难。岩溶区土地垦殖指数高，石漠化土地中尚有 22.3 万 hm^2 耕地。耕地呈块状分布于石漠化土地地块之间，而岩溶区人民对耕地的依赖度很高。因此，不利于集中连片恢复植被，难以构建区域良好的森林生态系统。

3 四川岩溶区石漠化土地立地分类研究

立地分类是根据自然属性的相似性和分异性，划分或组合成不同等级的立地单元。本研究从植被恢复角度出发，针对岩溶区石漠化土地地貌、地质、土壤、植被和生态环境的特殊性研究岩溶区立地分类。立地分类是四川岩溶区石漠土地植被恢复的基础工作，关系到植被恢复的成败和质量。在分类的基础上通过对立地特征的描述，把握立地的本质特征，选择立地的最佳植被恢复方式和技术措施，达到植被恢复的最佳效果。

3.1 立地分类研究的理论述评

3.1.1 立地分类方法的理论演进

立地分类实践与研究起源于芬兰，发展于德国、美国以及加拿大等林业发达国家，并形成著名的以综合多因分子分类的巴登-符腾堡分类系统方法[①]，丰富完善于苏联，形成了"林型学"和"立地学"两大学派。我国对森林立地类型的研究和实践开始于20世纪50年代，主要采用苏联"立地"学派和"林型"学派的方法，以立地类型作为林地分类的基础进行宜林地的立地类型划分。由于评价的目的或侧重点不同，立地分类的指标或综合多因子各有不同，其中：坡向、坡度、植被盖度、侵蚀强度、地貌、局部地形、土壤因子成为重要的分类因子。

3.1.2 国内石漠化立地分类研究动态

对于石漠化立地分类的研究，王德炉（2005）根据岩性、小生境种类及组合、土壤特性等基本特征，将石漠化土地划分为两大类型，即显性石漠化和隐性石漠化。也有学

---

① 1926年由G. A. Kranss提出，具体内容就是对一个地区或一个局部的生态系统，按重要生境因子进行综合分类。该系统有地区级和局部级两个分类水平级。地区级由两个等级组成，生长亚区根据地质、气候和土壤方面的主要差别划分生长亚区主要用小气候，同时还可以用母岩、土壤和植被方面的差别来细分。局部级即立地单元，主要根据地形、土壤质地、结构、酸度、深度和持水能力等、小气候、二层林木和林下植被等方面的局部性差异来区分。资料来源：http://baike.so.com/doc/2388660-2525720.html，2016-05-12。

者按照岩性和地貌类型组合（周政贤等，2002）或仅按地貌类型组合（熊康宁，2002），将石漠化划分为不同的类型区，这种划分主要是从植被恢复的角度出发，着眼于土地利用方向的研究。高瑞华等（2001）根据贵州省地质地貌条件的特殊性，研究建立了贵州省强度石漠化土地立地分类系统。吕仕洪、陆树华、李先琨等（2005）在现有土地利用类型的基础上，综合坡度、土层厚度、裸岩率、植被盖度等因子，将广西平果县果化镇布尧村龙何屯土地划分为 8 个立地类型。这些分类指标对四川省具有指导意义。

3.2 四川岩溶区石漠化土地立地分类

3.2.1 立地分类的原则

借鉴巴登—符腾堡分类系统方法和立地学分类方法，依据四川岩溶区的自然地理条件，四川岩溶区立地分类遵循以下原则：

3.2.1.1 分区分类的原则

分区具有地域区划的特征和特定的地理位置和空间，是分类系统中高级控制单位。分类是对相似和相异地段进行归并和划分，这些地段可重复出现，在地域上不连续。分区分类是同一立地分类系统中不同水平级的划分。

3.2.1.2 主导因素原则

岩溶区石漠化土地受多种因素的作用，有自然因素，也有社会因素。以自然因素为立地分类的依据已广泛被人们接受和采用，包括地貌（含岩溶地貌）条件、地形条件、气候条件、石漠化状况、土壤条件等。按不同的分类等级确定一两个主要因素，划分各级立地单元。

3.2.1.3 相关性原则

选择的立地因子，必须与植被恢复措施与决定植物生长的因素有关，能客观地反映立地的生产力水平。

3.2.1.4 科学实用性原则

选择的立地因子必须具有明确的科学含义，且可以直观识别，易于掌握和判定，具有一定的空间尺度。

3.2.2 立地分类等级

分类等级遵循实用性原则，即确定的分类单位应适用于岩溶区石漠化土地植被恢复技术措施的落实。根据岩溶区的自然地理特点，在立地分类原则指导下，对四川岩溶区石漠土地立地分类采用以下三级分类单位，即：

一级：立地区；

二级：立地类型组；

三级：立地类型。

3.2.2.1 一级 立地区

立地区是立地分类系统中的最高分类单位，它是较大范围的地理区域划分，划分主要依据能反映不同区域特征的因子。划分出的具体区域是一个较大的、完整的生态系统，是由构造地貌形成的大地貌单元。不同立地区之间彼此毗连或相离。立地区代号用罗马数字表示，如"Ⅰ、Ⅱ、Ⅲ……"。

3.2.2.2 二级 立地类型组

立地类型组是分类系统中分类的重要单位，是立地类型的组合，没有特定的地理位置，在同一立地区内可能重复出现。立地类型组代号在立地区代号后加两位数的阿拉伯数字表示，如"Ⅰ-01"表示第Ⅰ立地区第1立地类型组。

3.2.2.3 三级 立地类型

立地类型是立地分类的基本单位，也是落实植被恢复技术的基本单位，立地类型之间的差异，就是生态系统的局部差异。一个立地类型即为一个小生境，同一个立地类型，其小地形、土壤特征、石漠化特征、小气候、适宜树种及限制条件都基本相同，并具有相似的生产力。立地类型代号在立地类型组代号后加两位数的阿拉伯数字表示，如"Ⅰ-01-01"表示第Ⅰ立地区第1立地类型组第1立地类型。

3.2.3 立地区的划分

3.2.3.1 立地区划分依据

地貌条件：地貌即地球表面各种形态的总称。地表形态是多种多样的，成因也不尽相同，是内、外力地质作用对地壳综合作用的结果。内力地质作用造成了地表的起伏，控制了海陆分布的轮廓及山地、高原、盆地和平原的地域配置，决定了地貌的构造格架。而外营力（流水、风力、太阳辐射能、大气和生物的生长和活动）通过多种方式地质作用，对地壳表层物质不断进行风化、剥蚀、搬运和堆积，从而形成了地面的各种形态。地貌是自然地理环境中的一项基本要素，它与气候、水文、土壤、石漠化、植被等有着密切的联系。四川岩溶区有多种地貌类型出现，主要为丘陵、低山和中山等大地貌。

气候条件：气候是某一地区多年时段大气的一般状态，是该时段各种天气过程的综合表现。气象要素（温度、降水、风等）的各种统计量（均值、极值、概率等）是表述气候的基本依据。由于太阳辐射在地球表面分布的差异，以及陆地、山脉、森林等不同性质的下垫面在到达地表的太阳辐射作用下所产生的物理过程不同，使气候除具有温度大致按纬度分布的特征外，还具有明显的地域性特征。因此气候条件可以反映地域大尺度的差异。四川岩溶区均属于亚热带，按水平分布可细分为中亚热带和南亚热带（少部分地区），随着地形起伏和海拔高度的不同，有的区域具有北亚热带的特征。

岩溶区石漠化土地分布：四川岩溶区石漠化土地分布具有明显的区域特征。主要分布在盆中丘陵区、川南盆地边缘山地区、川东平行岭谷区和川西南山地区,彼此区域基本不相连,形成了自然分区。

3.2.3.2　立地区划分结果

按照上述立地区划分的依据,将四川岩溶区划分为:盆中丘陵岩溶立地区、川南盆地边缘岩溶立地区、川东北平行岭谷岩溶立地区、川西南山地岩溶立地区(见图3-1),各区主要特征分异见表3-1。

表3-1　　　　　　　　　　　岩溶区各立地区主要特征

项目	盆中丘陵岩溶立地区(Ⅰ)	川南盆地边缘岩溶立地区(Ⅱ)	川东北平行岭谷岩溶立地区(Ⅲ)	川西南山地岩溶立地区(Ⅳ)
面积(hm²)	15 702.0	794 430.2	78 588.3	1 888 547.2
占岩溶区面积(%)	0.57	28.60	2.83	68.00
大地貌	丘陵为主	低山为主	丘陵和低山为主	中山为主
海拔(m)	400~900	400~2 000	200~1 650	600~2 000
基岩类型	石灰岩	石灰岩、白云岩	石灰岩	石灰岩、白云岩
气候	亚热带湿润季风气候	亚热带湿润季风气候	亚热带湿润季风气候	亚热带气候
年平均气温	15℃~17℃	15℃~17℃	15℃~17℃	11℃~21℃
≥10℃积温	5 500~5 700℃	5 200~5 800℃	5 000~5 700℃	3 600~7 000℃
年降水量	800~1 000mm	1 100~1 300mm	1 000mm 左右	750~1 100mm
地下水类型	孔隙水为主	岩溶泉、暗河为主	裂隙水、岩溶水为主	岩溶水、孔隙水为主
地带性植被	常绿阔叶林	常绿阔叶林	常绿阔叶林	偏干性常绿阔叶林
土壤类型	黄色石灰土、黄壤为主	黄色石灰土、黑色石灰土、黄壤为主	黄色石灰土、黄壤为主	红色石灰土、棕色石灰土、黄壤为主
环境脆弱性	重度、中度为主	重度、中度为主	重度、中度为主	中度、重度为主

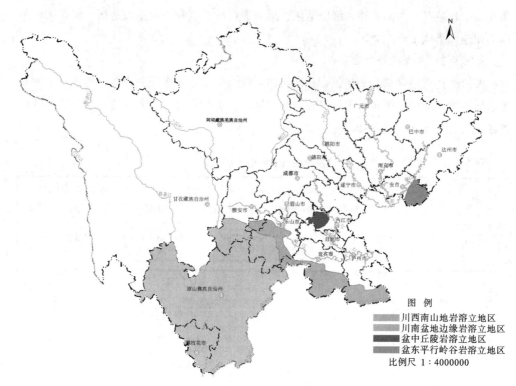

图 3-1　岩溶区立地分区图（彩色效果图另见本书附页）

图　例

川西南山地岩溶立地区
川南盆地边缘岩溶立地区
盆中丘陵岩溶立地区
盆东平行岭谷岩溶立地区
比例尺 1：4000000

3.2.3.3　分区概述

（1）盆中丘陵岩溶立地区

本区包括资中、威远 2 县，属于典型的丘陵地貌，岩溶区面积 1.6 万 hm^2。其主要特征是地势低矮，丘陵广布，溪沟纵横，相对高差小，海拔一般在 400~900m 之间。岩溶地貌发育以三叠系石灰岩为主。

该区气候温和、雨量丰富、热量充足、无霜期长。冬暖夏热，年平均气温 15℃ ~ 17℃，1 月平均气温 6℃~8℃，7 月平均气温 26℃~28℃，极端最高气温 41℃，极端最低气温 -5.4℃，≥10℃ 积温 5 500℃ ~ 5 700℃。该区热量资源丰富，年总日照时数 1 100h~1 300h，无霜期达 330d。全年有霜日数一般 4d~8d，灾害性天气以干旱为主，旱涝交替出现；低温、风、暴雨时有发生。全年气候有明显的冬干春旱现象，夏旱伏旱也时有发生。年降雨量 800~1 000mm，多集中在夏季，约占全年降雨量的 60%。

本区自然植被中有典型的亚热带偏湿性常绿阔叶林、竹林和亚热带针叶林分布。除有慈竹、毛竹、大头茶、樟树、马尾松、柏木、杉木、国外松等人工栽培植被外，自然植被几无保存。

（2）川南盆地边缘岩溶立地区

本区包括叙永县、古蔺县、乐山市五通桥区、峨眉山市、犍为县、沐川县、洪雅县、高县、长宁县、筠连县、珙县、兴文县、屏山县 13 个县（市、区），岩溶区面积 79.4 万 hm^2。地势南高北低，是云贵高原向四川盆地的过渡地带，岩溶区石灰岩广泛出露，岩溶地貌普遍发育，岩溶丘陵、峰丛、峰林、漏斗、盆地、槽谷、落水洞、悬泉等岩溶地貌齐全，形成奇峰、异洞等多种岩溶地貌景观，是川南盆地边缘区重要的地貌特征。

该区属亚热带湿润气候区，南部山区立体气候明显。气温较高，日照充足，雨量充沛，四季分明，无霜期长，温、光、水同季，季风气候明显，春秋季暖和，夏季炎热，冬季不冷。但受四川盆地地形影响，夏季多雷雨，冬季多连绵阴雨，全年少有大风，多为 0～2m/s 的微风。

本区植被中亚热带常绿阔叶林分布面积最大，群落结构复杂。除常绿阔叶林外，亚热带针叶林分布极为普遍，杉木林广泛分布于海拔 1 500m 以下的低山丘陵区，马尾松多分布在土层瘠薄、向阳的低山丘陵顶部，其组成常有多种栎类伴生。竹林的组成种类和类型丰富，不仅分布广泛，面积也很大。竹林中除箭竹属一些种类外，其他四川省所产竹类应有尽有，主要有刚竹属、慈竹属、刺竹属、方竹属、大节竹属、苦竹属和箬竹属等竹类。

该区水系以长江为主脉，河流多、密度大、水量丰富。河流以南向北作不对称的南多北少状河网分布，南部支流多发源于崇山峻岭，故滩多水急；北部支流多发源于丘陵区，水势平缓，岸势开阔。

(3) 川东北平行岭谷岩溶立地区

本区涉及华蓥山区广安市的广安区、华蓥市、邻水县 3 个县（市、区），岩溶区面积 79 000hm²。该区地表起伏不大，沟壑纵横分割。华蓥山、铜锣山、明月山三山之间为两个狭长宽缓的槽谷。岩溶地貌发育以三叠系嘉陵江组石灰岩为主。山脉多呈北东走向，其地貌特征是背斜山地陡而窄，背斜山两侧多为单斜中丘或部分高丘；向斜轴部多发育着方山或桌状低山或部分中丘。区内河流属长江的支流—嘉陵江、渠江、大洪河、白水河、芭蕉河水系。流域面积大于 5 000hm² 的河流 28 条。

本区自然植被由刺果米储林、马尾松林、柏木林和竹林组成，其中以砂页岩或石灰岩发育的山地酸性黄壤上的常绿阔叶林最为典型，混生有大苞木荷、四川大头茶、虎皮楠等。常绿阔叶林被破坏后取而代之的是马尾松林。土层较薄地区则有麻栎、栓皮栎、白栎等为主的低山落叶阔叶林，这种群落经破坏后形成栎类灌丛。在土壤厚而湿润的酸性黄壤上有杉木林分布。在丘陵地段有柏木林，沟谷分布着竹林，主要有慈竹、硬头黄、刚竹和白夹竹林。

(4) 川西南山地岩溶立地区

本区包括凉山州、甘孜州、攀枝花市、雅安市、乐山市的 28 个县（市、区），岩溶区面积 188.9 万 hm²。区内地势起伏，峰峦重叠，断裂构造地貌发育，出露岩层比较齐全，以中山地貌为主。岩溶区岩石以白垩系、侏罗系、三叠系、二叠系、志留系的石灰岩为主。该区新构造运动活跃，地震、泥石流、滑坡、崩塌比较严重。由于不同的地形条件，影响水热再分配，从而使植被、土壤及其组合方式，以及土地资源的环境条件有很大差异，并形成十分明显的区域性特点和区域土地资源开发利用方式。

全区河流纵横，水系发达，除安宁河、大渡河、雅砻江、金沙江外，多数为山地河流，本区地下水资源丰富，以岩溶水、孔隙水为主。

该区主要分布偏干性植被群落，在海拔1 000m以下的干热河谷地段，分布为稀树草丛，乔木树种单纯、稀疏，有木棉、红楝子、番石榴、酸角、山麻黄和云南黄杞等。灌木矮小而稀疏，以余甘子、清香木、车桑子和羊蹄甲等为主。草本以喜热耐旱的禾草为主，主要有黄茅、香茅、旱茅、双花草、棕茅和拟金茅等。在海拔1 000~1 400（1 600）m的干热河谷地段（在雅砻江流域可分布至海拔2 000m），为干旱河谷灌丛植被，灌木层植被稀疏，有余甘子、清香木、车桑子、白刺花、小角柱花、华西小石积、香茶菜和羊蹄甲。草本以黄茅、香茅和黄背草为主，在江边岩石缝隙或坡积砾石堆上，还有以霸王鞭和仙人掌为主构成的旱生肉质有刺灌丛。在海拔1 400（1 500）~2 400（2 500）m的阴坡或半阴坡，温湿沟谷地段，生长着偏干性常绿阔叶林，主要由高山栲、元江栲、滇青冈、黄毛冈等组成，樟科及山茶科植物甚少。野核桃、白辛树、化香、云南泡花树和亮叶桦也有分布。区内较干燥的地方有大面积云南松林纯分布，也有与常绿树种形成的混交林，与落叶栎类形成的松栎混交林。

3.2.4 立地类型组的划分

3.2.4.1 立地类型组划分依据

在立地分区的基础上，根据各区的特点综合分析确定立地组划分的主导因子。不同岩溶地貌条件不仅对立地条件的差异有较强的指示作用，而且可以直观判别，易于掌握。土壤是立地地段的本质特征，是对气候和地貌条件综合反映的实体，土壤的质量和容量是确定立地资源利用方向的主要因素。土壤类型在地域上通常具有较大尺度，作为立地类型组划分的依据较为适宜。因此立地组划分以岩溶地貌和土壤类型（土壤亚类）为依据。

（1）岩溶地貌

岩溶地貌是岩溶区最显著的地貌特征，是地表水和地下水对可溶性岩石的破坏和改造作用产生的地上和地下的各种特殊的地表形态。调查表明，四川岩溶地貌有峰丛洼地、峰林洼地、孤峰残丘及平原、岩溶丘陵、岩溶槽谷、岩溶峡谷、岩溶山地，岩溶地貌的分异构成了各自不同的地形条件，不同的地形条件以及同一地形条件在不同的地貌中具有不同的物理特性，影响水热再分配，影响地表物质的积累和转移，所产生的作用对植被有明显的影响。四川岩溶区各立地区的岩溶地貌分布又不尽相同，在盆中丘陵岩溶立地区内主要是岩溶丘陵，极少的孤峰残丘及平原；川南盆地边缘岩溶立地区内主要是岩溶槽谷、岩溶丘陵和岩溶山地；川东北平行岭谷岩溶立地区内主要是岩溶槽谷、岩溶丘陵和岩溶山地以及极少的峰丛洼地；川西南山地岩溶立地区主要为岩溶槽谷、岩溶山地、岩溶峡谷。

峰丛洼地：指峰丛与洼地的岩溶地貌组合，峰丛间有洼地、谷地及漏斗等。峰丛指基部相连的石峰所构成，相对高度最大可达600m。

孤峰残丘及平原：以岩溶平原为主体和特色的地貌组合，平原上有零星分散的低矮峰林及残丘分布，石峰相对高度在100m以下。

岩溶丘陵：经岩溶作用所形成，地势起伏不大，相对高差通常小于100m，坡度小于45°，已不具峰林形态。

岩溶槽谷：指凸起与凹陷交互出现的长条形岩溶地貌，凸起区构成长条形山脊，凹陷区则形成槽状谷地，其发育主要受构造、岩性控制。

岩溶峡谷：指由构造抬升和河流切割作用所形成的高山峡谷地貌组合，岩溶作用极其微弱，地势险峻，河流切割剧烈，高山峡谷地貌明显。

岩溶山地：属岩溶作用极弱的碳酸盐岩分布区，主要由中山、低山与其山谷组成，与非碳酸盐岩区的地貌差别不明显，地势宽缓，河流切割作用较小。

（2）土壤类型

土壤类型的不同代表着土壤肥力和承载力强度的不同，其植被恢复措施也有所不同。四川岩溶区土壤主要由易风化的石灰岩、白云岩发育而来，受成土时间和气候条件的影响较大。调查表明，岩溶区主要土壤类型有黄壤、黄色石灰土、黑色石灰土、棕色石灰土和红色石灰土。在自然和人为因素干扰下，表层土壤容易流失。

黄壤在各立地区均有分布，主要分布在海拔300~1 700m之间的石灰岩溶蚀盆地、槽谷、洼地和山坡一带。由各个地层时代的石灰岩经轻度或强度化学风化的坡残积母质发育而成，剖面上下多层黄色、黄棕色，含有大量岩石碎屑。质地较黏重，为砾质中壤土至重壤土，物理黏粒变化在32%~55%之间，pH值在5.5~8.1之间，变幅较大，磷、钾养分含量虽高，但速效磷缺乏。

黄色石灰土主要分布于盆中丘陵岩溶立地区、川东北平行岭谷岩溶立地区、川南盆地边缘岩溶立地区，常与黄壤呈复区，面积小。由于区域气候条件温暖湿润，土壤受水的作用，氧化铁多被水化，表层呈暗黄色，B层呈棕黄色或褐色，游离氧化铁含量较高。土壤pH值在6.0~7.5之间，自上而下渐增，碳酸盐反应也有同样的趋势。

黑色石灰土分布于川南盆地边缘岩溶立地区中的石灰岩山坡坡腰、坡麓地带的石牙、溶沟地形上，由堆积于溶蚀沟、坑中的石灰岩残积物发育而成的富含有机质及碳酸盐的土壤。土壤暗棕至灰黑色，有机质侵染层厚20~30cm，团粒、粒状结构。碳酸钙淋溶较弱，土壤中性至微碱性，土层厚薄不一，土体脱钾不明显，是发育较浅的土壤。

棕色石灰土主要分布在川西南山地岩溶立地区中山山麓或微起伏的山间谷地。由于土壤排水良好，土壤中的碳酸钙淋溶较强烈，除接近母质的土壤外，大多无石灰反应。土壤表层呈暗灰棕色，小块状结构，质地黏重，土层较深厚，B层紧实，块状或棱块状结构，多胶膜淀积，有铁锰结核，具有一定程度的富铝化作用。

红色石灰土分布在川西南山地岩溶立地区的金沙江、雅砻江河谷石灰岩出露较多地段，常与棕色石灰土呈复区，海拔多在1 000~2 000m之间，成土母质由石灰岩和古风化壳发育而成，土壤发育具有脱硅富铝、黏粒下移等特征。分布区温差大，矿物风化强，盐基淋溶，铁铝富集。由于有钙质补充，延缓了风化淋溶作用，不仅使土壤呈中性或微碱性，而且还积累了一定数量的碳酸钙。在石灰岩碎屑覆盖或石灰质水浸渍下，复钙作用明显，土体中出现石灰华或砂姜。红色石灰土有机质积累较少，全氮含量低，全磷因土质而异，一般磷素都较缺。

综合分析表明，岩溶地貌和土壤类型（土壤亚类）作为划分岩溶区立地组的依据较为适宜，很好地反映了岩溶区立地条件的本质特征、自然属性和分异规律。同时，不同的岩溶地貌之间有明显的差异，不同的土壤类型之间虽有一些共性，但其分布区域及其理化性质，差异也十分明显，如pH值、石灰反应（碳酸盐反应）、土壤结构等。岩溶地貌中峰丛洼地和孤峰残丘及平原具有小地形特征，尺度较小，且面积不大，因此将峰丛洼地归入岩溶槽谷，孤峰残丘及平原归入岩溶丘陵。

3.2.4.2 立地类型组划分结果

根据前述立地类型组划分的依据，分别按不同的立地区划分了26个立地类型组，其中盆中丘陵岩溶立地区2个，川南盆地边缘岩溶立地区9个，川东北平行岭谷岩溶立地区6个，川西南山地岩溶立地区9个（见表3-2）。

表3-2　　　　　　　　　　　　立地类型组划分结果表

立地区		立地类型组	
名称	代号	名称	代号
盆中丘陵岩溶立地区	Ⅰ	岩溶丘陵黄壤组	Ⅰ-01
		岩溶丘陵黄色石灰土组	Ⅰ-02
川南盆地边缘岩溶立地区	Ⅱ	岩溶槽谷黄壤组	Ⅱ-01
		岩溶槽谷黄色石灰土组	Ⅱ-02
		岩溶槽谷黑色石灰土组	Ⅱ-03
		岩溶丘陵黄壤组	Ⅱ-04
		岩溶丘陵黄色石灰土组	Ⅱ-05
		岩溶丘陵黑色石灰土组	Ⅱ-06
		岩溶山地黄壤组	Ⅱ-07
		岩溶山地黄色石灰土组	Ⅱ-08
		岩溶山地黑色石灰土组	Ⅱ-09
川东北平行岭谷岩溶立地区	Ⅲ	岩溶槽谷黄壤组	Ⅲ-01
		岩溶槽谷黄色石灰土组	Ⅲ-02
		岩溶丘陵黄壤组	Ⅲ-03
		岩溶丘陵黄色石灰土组	Ⅲ-04
		岩溶山地黄壤组	Ⅲ-05
		岩溶山地黄色石灰土组	Ⅲ-06
川西南山地岩溶立地区	Ⅳ	岩溶槽谷黄壤组	Ⅳ-01
		岩溶槽谷红色石灰土组	Ⅳ-02
		岩溶槽谷棕色石灰土组	Ⅳ-03
		岩溶山地黄壤组	Ⅳ-04
		岩溶山地红色石灰土组	Ⅳ-05
		岩溶山地棕色石灰土组	Ⅳ-06

表3-2（续）

立地区		立地类型组	
名称	代号	名称	代号
		岩溶峡谷黄壤组	Ⅳ-07
		岩溶峡谷红色石灰土组	Ⅳ-08
		岩溶峡谷棕色石灰土组	Ⅳ-09

3.2.5 立地类型的划分

3.2.5.1 立地类型划分依据

立地类型是立地分类中最小立地单元，在相同地貌类型和土壤类型控制下，基岩裸露度、土层厚度较为客观地反映了立地石漠化现状和生产力水平，不同的基岩裸露度和土层厚度植被恢复树（草）种选择和技术措施也有较大差异，也是决定石漠化土地小生境脆弱性的主要因素。同时，这两个因子概念明确、直观，易于现地判别和掌握，已为广泛采用和生产者接受。因此，选择了基岩裸露度、土层厚度作为立地类型划分的依据。

3.2.5.2 指标分级

基岩裸露度（或土壤砾石含量）：①轻度：30%～49%；②中度：50%～69%；③重度：≥70%。

土层厚度：①中厚：≥40cm；②薄：20～39cm；③极薄：<20cm。

3.2.5.3 立地类型划分结果

根据不同立地区的特点和各立地组的特征，共划分了127个立地类型。

（1）盆中丘陵岩溶立地区

盆中丘陵岩岩溶区划分了10个立地类型，各立地类型详见表3-3。

表3-3　　　　　　　　盆中丘陵岩溶立地区立地类型表

立地类型组		立地类型	
名称	代号	名称	代号
岩溶丘陵黄壤组	Ⅰ-01	岩溶丘陵轻度裸露中厚层黄壤型	Ⅰ-01-01
		岩溶丘陵轻度裸露薄层黄壤型	Ⅰ-01-02
		岩溶丘陵中度裸露薄层黄壤型	Ⅰ-01-03
		岩溶丘陵中度裸露极薄层黄壤型	Ⅰ-01-04
		岩溶丘陵重度裸露极薄层黄壤型	Ⅰ-01-05
岩溶丘陵黄色石灰土组	Ⅰ-02	岩溶丘陵轻度裸露中厚层黄色石灰土型	Ⅰ-02-01
		岩溶丘陵轻度裸露薄层黄色石灰土型	Ⅰ-02-02
		岩溶丘陵中度裸露薄层黄色石灰土型	Ⅰ-02-03
		岩溶丘陵中度裸露极薄层黄色石灰土型	Ⅰ-02-04
		岩溶丘陵重度裸露极薄层黄色石灰土型	Ⅰ-02-05

（2）川南盆地边缘岩溶立地区

川南盆地边缘岩溶立地区划分了45个立地类型，各立地类型名称详见表3-4。

表3-4   川南盆地边缘岩溶立地区立地类型表

立地类型组		立地类型	
名称	代号	名称	代号
岩溶槽谷黄壤组	Ⅱ-01	岩溶槽谷轻度裸露中厚层黄壤型	Ⅱ-01-01
		岩溶槽谷轻度裸露薄层黄壤型	Ⅱ-01-02
		岩溶槽谷中度裸露中厚层黄壤型	Ⅱ-01-03
		岩溶槽谷中度裸露薄层黄壤型	Ⅱ-01-04
		岩溶槽谷重度裸露极薄层黄壤型	Ⅱ-01-05
岩溶槽谷黄色石灰土组	Ⅱ-02	岩溶槽谷轻度裸露中厚层黄色石灰土型	Ⅱ-02-01
		岩溶槽谷轻度裸露薄层黄色石灰土型	Ⅱ-02-02
		岩溶槽谷中度裸露中厚层黄色石灰土型	Ⅱ-02-03
		岩溶槽谷中度裸露薄层黄色石灰土型	Ⅱ-02-04
		岩溶槽谷重度裸露极薄层黄色石灰土型	Ⅱ-02-05
岩溶槽谷黑色石灰土组	Ⅱ-03	岩溶槽谷轻度裸露中厚层黑色石灰土型	Ⅱ-03-01
		岩溶槽谷轻度裸露薄层黑色石灰土型	Ⅱ-03-02
		岩溶槽谷中度裸露中厚层黑色石灰土型	Ⅱ-03-03
		岩溶槽谷中度裸露薄层黑色石灰土型	Ⅱ-03-04
		岩溶槽谷中度裸露黑色石灰土型	Ⅱ-03-05
岩溶丘陵黄壤组	Ⅱ-04	岩溶丘陵轻度裸露中厚层黄壤型	Ⅱ-04-01
		岩溶丘陵轻度裸露薄层黄壤型	Ⅱ-04-02
		岩溶丘陵中度裸露薄层黄壤型	Ⅱ-04-03
		岩溶丘陵中度裸露极薄层黄壤型	Ⅱ-04-04
		岩溶丘陵重度裸露极薄层黄壤型	Ⅱ-04-05
岩溶丘陵黄色石灰土组	Ⅱ-05	岩溶丘陵轻度裸露中厚层黄色石灰土型	Ⅱ-05-01
		岩溶丘陵轻度裸露薄层黄色石灰土型	Ⅱ-05-02
		岩溶丘陵中度裸露薄层黄色石灰土型	Ⅱ-05-03
		岩溶丘陵中度裸露极薄层黄色石灰土型	Ⅱ-05-04
		岩溶丘陵重度裸露极薄层黄色石灰土型	Ⅱ-05-05
岩溶丘陵黑色石灰土组	Ⅱ-06	岩溶山地轻度裸露中厚层黑色石灰土型	Ⅱ-06-01
		岩溶山地轻度裸露薄层黑色石灰土型	Ⅱ-06-02
		岩溶山地中度裸露薄层黑色石灰土型	Ⅱ-06-03
		岩溶山地中度裸露极薄层黑色石灰土型	Ⅱ-06-04
		岩溶山地重度裸露极薄层黑色石灰土型	Ⅱ-06-05
岩溶山地黄壤组	Ⅱ-07	岩溶山地轻度裸露中厚层黄壤型	Ⅱ-07-01
		岩溶山地轻度裸露薄层黄壤型	Ⅱ-07-02

表3-4（续）

立地类型组		立地类型	
名称	代号	名称	代号
		岩溶山地中度裸露薄层黄壤型	Ⅱ-07-03
		岩溶山地中度裸露极薄层黄壤型	Ⅱ-07-04
		岩溶山地重度裸露极薄层黄壤型	Ⅱ-07-05
岩溶山地黄色石灰土组	Ⅱ-08	岩溶山地轻度裸露中厚层黄色石灰土型	Ⅱ-08-01
		岩溶山地轻度裸露薄层黄色石灰土型	Ⅱ-08-02
		岩溶山地中度裸露薄层黄色石灰土型	Ⅱ-08-03
		岩溶山地中度裸露极薄层黄色石灰土型	Ⅱ-08-04
		岩溶山地重度裸露极薄层黄色石灰土型	Ⅱ-08-05
岩溶山地黑色石灰土组	Ⅱ-09	岩溶山地轻度裸露中厚层黑色石灰土型	Ⅱ-09-01
		岩溶山地轻度裸露薄层黑色石灰土型	Ⅱ-09-02
		岩溶山地中度裸露薄层黑色石灰土型	Ⅱ-09-03
		岩溶山地中度裸露极薄层黑色石灰土型	Ⅱ-09-04
		岩溶山地重度裸露极薄层黑色石灰土型	Ⅱ-09-05

（3）川东北平行岭谷岩溶立地区

川东北平行岭谷岩溶立地区划分了30个立地类型，各立地类型详见表3-5。

表3-5 　　　　　　　　川东北平行岭谷岩溶立地区立地类型表

立地类型组		立地类型	
名称	代号	名称	代号
岩溶槽谷黄壤组	Ⅲ-01	岩溶槽谷轻度裸露中厚层黄壤型	Ⅲ-01-01
		岩溶槽谷轻度裸露薄层黄壤型	Ⅲ-01-02
		岩溶槽谷中度裸露中厚层黄壤型	Ⅲ-01-03
		岩溶槽谷中度裸露薄层黄壤型	Ⅲ-01-04
		岩溶槽谷重度裸露极薄层黄壤型	Ⅲ-01-05
岩溶槽谷黄色石灰土组	Ⅲ-02	岩溶槽谷轻度裸露中厚层黄色石灰土型	Ⅲ-02-01
		岩溶槽谷轻度裸露薄层黄色石灰土型	Ⅲ-02-02
		岩溶槽谷中度裸露中厚层黄色石灰土型	Ⅱ-02-03
		岩溶槽谷中度裸露薄层黄色石灰土型	Ⅲ-02-04
		岩溶槽谷重度裸露极薄层黄色石灰土型	Ⅲ-02-05
岩溶丘陵黄壤组	Ⅲ-03	岩溶丘陵轻度裸露中厚层黄壤型	Ⅲ-03-01
		岩溶丘陵轻度裸露薄层黄壤型	Ⅲ-03-02
		岩溶丘陵中度裸露薄层黄壤型	Ⅲ-03-03
		岩溶丘陵中度裸露极薄层黄壤型	Ⅲ-03-04
		岩溶丘陵重度裸露极薄层黄壤型	Ⅲ-03-05

表3-5(续)

立地类型组		立地类型	
名称	代号	名称	代号
岩溶丘陵黄色石灰土组	Ⅲ-04	岩溶丘陵轻度裸露中厚层黄色石灰土型	Ⅲ-04-01
		岩溶丘陵轻度裸露薄层黄色石灰土型	Ⅲ-04-02
		岩溶丘陵中度裸露薄层黄色石灰土型	Ⅲ-04-03
		岩溶丘陵中度裸露极薄层黄色石灰土型	Ⅲ-04-04
		岩溶丘陵重度裸露极薄层黄色石灰土型	Ⅲ-04-05
岩溶山地黄壤组	Ⅲ-05	岩溶山地轻度裸露中厚层黄壤型	Ⅲ-05-01
		岩溶山地轻度裸露薄层黄壤型	Ⅲ-05-02
		岩溶山地中度裸露薄层黄壤型	Ⅲ-05-03
		岩溶山地中度裸露极薄层黄壤型	Ⅲ-05-04
		岩溶山地重度裸露极薄层黄壤型	Ⅲ-05-05
岩溶山地黄色石灰土组	Ⅲ-06	岩溶山地轻度裸露中厚层黄色石灰土型	Ⅲ-06-01
		岩溶山地轻度裸露薄层黄色石灰土型	Ⅲ-06-02
		岩溶山地中度裸露薄层黄色石灰土型	Ⅲ-06-03
		岩溶山地中度裸露极薄层黄色石灰土型	Ⅲ-06-04
		岩溶山地重度裸露极薄层黄色石灰土型	Ⅲ-06-05

（4）川西南山地岩溶立地区

川西南山地岩溶立地区划分了42个立地类型，各立地类型详见表3-6。

表3-6 　　　　　　　　　　川西南山地岩溶立地区立地类型表

立地类型组		立地类型	
名称	代号	名称	代号
岩溶槽谷黄壤组	Ⅳ-01	岩溶槽谷轻度裸露中厚层黄壤型	Ⅳ-01-01
		岩溶槽谷轻度裸露薄层黄壤型	Ⅳ-01-02
		岩溶槽谷中度裸露中厚层黄壤型	Ⅳ-01-03
		岩溶槽谷中度裸露薄层黄壤型	Ⅳ-01-04
		岩溶槽谷重度裸露极薄层黄壤型	Ⅳ-01-05
岩溶槽谷红色石灰土组	Ⅳ-02	岩溶槽谷轻度裸露中厚层红色石灰土型	Ⅳ-02-01
		岩溶槽谷轻度裸露薄层红色石灰土型	Ⅳ-02-02
		岩溶槽谷中度裸露中厚层红色石灰土型	Ⅳ-02-03
		岩溶槽谷中度裸露薄层红色石灰土型	Ⅳ-02-04
		岩溶槽谷重度裸露极薄层红色石灰土型	Ⅳ-02-05

表3-6(续)

立地类型组		立地类型	
名称	代号	名称	代号
岩溶槽谷棕色石灰土组	IV-03	岩溶槽谷轻度裸露中厚层棕色石灰土型	IV-03-01
		岩溶槽谷轻度裸露薄层棕色石灰土型	IV-03-02
		岩溶槽谷中度裸露中厚层棕色石灰土型	IV-03-03
		岩溶槽谷中度裸露薄层棕色石灰土型	IV-03-04
		岩溶槽谷重度裸露极薄层棕色石灰土型	IV-03-05
岩溶山地黄壤组	IV-04	岩溶山地轻度裸露中厚层黄壤型	IV-04-01
		岩溶山地轻度裸露薄层黄壤型	IV-04-02
		岩溶山地中度裸露薄层黄壤型	IV-04-03
		岩溶山地中度裸露极薄层黄壤型	IV-04-04
		岩溶山地重度裸露极薄层黄壤型	IV-04-05
岩溶山地红色石灰土组	IV-05	岩溶山地轻度裸露中厚层红色石灰土型	IV-05-01
		岩溶山地轻度裸露薄层红色石灰土型	IV-05-02
		岩溶山地中度裸露薄层红色石灰土型	IV-05-03
		岩溶山地中度裸露极薄层红色石灰土型	IV-05-04
		岩溶山地重度裸露极薄层红色石灰土型	IV-05-05
岩溶山地棕色石灰土组	IV-06	岩溶山地轻度裸露中厚层棕色石灰土型	IV-06-01
		岩溶山地轻度裸露薄层棕色石灰土型	IV-06-02
		岩溶山地中度裸露薄层棕色石灰土型	IV-06-03
		岩溶山地中度裸露极薄层棕色石灰土型	IV-06-04
		岩溶山地重度裸露极薄层棕色石灰土型	IV-06-05
岩溶峡谷黄壤组	IV-07	岩溶峡谷轻度裸露中厚层黄壤型	IV-07-01
		岩溶峡谷轻度裸露薄层黄壤型	IV-07-02
		岩溶峡谷中度裸露极薄层黄壤型	IV-07-03
		岩溶峡谷重度裸露极薄层黄壤型	IV-07-04
岩溶峡谷红色石灰土组	IV-08	岩溶峡谷轻度裸露中厚层红色石灰土型	IV-08-01
		岩溶峡谷轻度裸露薄层红色石灰土型	IV-08-02
		岩溶峡谷中度裸露极薄层红色石灰土型	IV-08-03
		岩溶峡谷重度裸露极薄层红色石灰土型	IV-08-04
岩溶峡谷棕色石灰土组	IV-09	岩溶峡谷轻度裸露中厚层棕色石灰土型	IV-09-01
		岩溶峡谷轻度裸露薄层棕色石灰土型	IV-09-02
		岩溶峡谷中度裸露极薄层棕色石灰土型	IV-09-03
		岩溶峡谷重度裸露极薄层棕色石灰土型	IV-09-04

3.3 岩溶区立地分类系统的建立

依据确定的立地分类（区）主导因子，划分各级立地单元，建立四川岩溶区立地分类系统。该系统分别按不同的尺度大小，将岩溶区石漠化土地划分成不同的立地区、立地类型组和立地类型三个等级。根据地貌、气候条件的相似性和石漠化土地分布，将岩溶区划分为4个立地区，这是最大尺度区域的划分；在4个立地区的控制下，依据岩溶地貌和土壤类型（土壤亚类）的相同性，将岩溶区石漠化土地划分为26个立地类型组；在26个立地类型组的控制下，依据基岩裸露度、土层厚度，将岩溶区石漠化土地划分为127个立地类型。这一不同的划分尺度构成了岩溶区立地分类系统，详见表3-7岩溶区立地分类系统表。在立地分类系统表中，对每一个立地类型，综合调查监测资料均对其特征进行了简要描述，便于生产实践中应用。

表3-7

岩溶区立地类型表

立地区 名称	代号	立地类型组 名称	代号	立地类型 名称	代号	立地特征
盆中丘陵岩溶立地地区	I	岩溶丘陵黄壤组	I-01	岩溶丘陵轻度裸露中厚层黄壤型	I-01-01	海拔一般<900m,相对高差一般在50~100m;黄壤;基岩裸露度30%~49%,土层厚度≥40cm,坡度一般≤35°
				岩溶丘陵轻度裸露薄层黄壤型	I-01-02	海拔一般<900m,相对高差一般在50~100m;黄壤;基岩裸露度30%~49%,土层厚度20~39cm,坡度一般≤35°
				岩溶丘陵中度裸露薄层黄壤型	I-01-03	海拔一般<900m,相对高差一般在50~100m;黄壤;基岩裸露度50%~69%,土层厚度20~39cm,坡度一般≤35°
				岩溶丘陵中度裸露极薄层黄壤型	I-01-04	海拔一般<900m,相对高差一般在50~100m;黄壤;基岩裸露度50%~69%,土层厚度<20cm,坡度一般≤35°
				岩溶丘陵重度裸露极薄层黄壤型	I-01-05	海拔一般<900m,相对高差一般在50~100m;黄壤;基岩裸露度≥70%,土层厚度<20cm,坡度一般≤35°
		岩溶丘陵黄色石灰土组	I-02	岩溶丘陵轻度裸露中厚层黄色石灰土型	I-02-01	海拔一般<900m,相对高差一般在50~100m;黄色石灰土;基岩裸露度30%~49%,土层厚度≥40cm,坡度一般≤35°
				岩溶丘陵轻度裸露薄层黄色石灰土型	I-02-02	海拔一般<900m,相对高差一般在50~100m;黄色石灰土;基岩裸露度30%~49%,土层厚度20~39cm,坡度一般≤35°
				岩溶丘陵中度裸露薄层黄色石灰土型	I-02-03	海拔一般<900m,相对高差一般在50~100m;黄色石灰土;基岩裸露度50%~69%,土层厚度20~39cm,坡度一般≤35°
				岩溶丘陵中度裸露极薄层黄色石灰土型	I-02-04	海拔一般<900m,相对高差一般在50~100m;黄色石灰土;基岩裸露度50%~69%,土层厚度<20cm,坡度一般≤35°
				岩溶丘陵重度裸露极薄层黄色石灰土型	I-02-05	海拔一般<900m,相对高差一般在50~100m;黄色石灰土;基岩裸露度≥70%,土层厚度<20cm,坡度一般≤35°
川南盆地边缘岩溶立地地区	II	岩溶槽谷黄壤组	II-01	岩溶槽谷轻度裸露中厚层黄壤型	II-01-01	黄壤;基岩裸露度30%~49%,土层厚度≥40cm,坡度一般≤35°
				岩溶槽谷轻度裸露薄层黄壤型	II-01-02	黄壤;基岩裸露度30%~49%,土层厚度20~39cm,坡度一般≤35°

表3-7（续1）

立地区		立地类型组		立地类型		立地特征
名称	代号	名称	代号	名称	代号	
				岩溶槽谷中度裸露中厚层黄壤型	Ⅱ-01-03	黄壤；基岩裸露度50%~69%，土层厚度≥40cm，坡度一般≤35°
				岩溶槽谷中度裸露薄层黄壤型	Ⅱ-01-04	黄壤；基岩裸露度50%~69%，土层厚度20~39cm，坡度一般≤35°
				岩溶槽谷重度裸露极薄层黄壤型	Ⅱ-01-05	黄壤；基岩裸露度≥70%，土层厚度<20cm，坡度一般≤35°
		岩溶槽谷黄色石灰土组	Ⅱ-02	岩溶槽谷轻度裸露中厚层黄色石灰土型	Ⅱ-02-01	黄色石灰土；基岩裸露度30%~49%，土层厚度≥40cm，坡度一般≤35°
				岩溶槽谷轻度裸露薄层黄色石灰土型	Ⅱ-02-02	黄色石灰土；基岩裸露度30%~49%，土层厚度20~39cm，坡度一般≤35°
				岩溶槽谷中度裸露中厚层黄色石灰土型	Ⅱ-02-03	黄色石灰土；基岩裸露度50%~69%，土层厚度≥40cm，坡度一般≤35°
				岩溶槽谷中度裸露薄层黄色石灰土型	Ⅱ-02-04	黄色石灰土；基岩裸露度50%~69%，土层厚度20~39cm，坡度一般≤35°
				岩溶槽谷重度裸露极薄层黄色石灰土型	Ⅱ-02-05	黄色石灰土；基岩裸露度≥70%，土层厚度<20cm，坡度一般≤35°
		岩溶槽谷黑色石灰土组	Ⅱ-03	岩溶槽谷轻度裸露中厚层黑色石灰土型	Ⅱ-03-01	黑色石灰土；基岩裸露度30%~49%，土层厚度≥40cm，坡度一般≤35°
				岩溶槽谷轻度裸露薄层黑色石灰土型	Ⅱ-03-02	黑色石灰土；基岩裸露度30%~49%，土层厚度20~39cm，坡度一般≤35°
				岩溶槽谷中度裸露中厚层黑色石灰土型	Ⅱ-03-03	黑色石灰土；基岩裸露度50%~69%，土层厚度≥40cm，坡度一般≤35°
				岩溶槽谷中度裸露薄层黑色石灰土型	Ⅱ-03-04	黑色石灰土；基岩裸露度50%~69%，土层厚度20~39cm，坡度一般≤35°

表3-7（续2）

| 立地区 | | 立地类型组 | | 立地类型 | | 立地特征 |
名称	代号	名称	代号	名称	代号	
				岩溶槽合中度裸露黑色石灰土型	Ⅱ-03-05	黑色石灰土；基岩裸露度≥70%，土层厚度＜20cm，坡度一般≤35°
		岩溶丘陵黄壤组	Ⅱ-04	岩溶丘陵轻度裸露中厚层黄壤型	Ⅱ-04-01	海拔一般＜600m，相对高差一般在50～100m；黄壤；基岩裸露度30%～49%，土层厚度≥40cm，坡度一般≤35°
				岩溶丘陵轻度裸露薄层黄壤型	Ⅱ-04-02	海拔一般＜600m，相对高差一般在50～100m；黄壤；基岩裸露度30%～49%，土层厚度20～39cm，坡度一般≤35°
				岩溶丘陵中度裸露薄层黄壤型	Ⅱ-04-03	海拔一般＜600m，相对高差一般在50～100m；黄壤；基岩裸露度50%～69%，土层厚度20～39cm，坡度一般≤35°
				岩溶丘陵中度裸露极薄层黄壤型	Ⅱ-04-04	海拔一般＜600m，相对高差一般在50～100m；黄壤；基岩裸露度50%～69%，土层厚度＜20cm，坡度一般≤35°
				岩溶丘陵重度裸露极薄层黄壤型	Ⅱ-04-05	海拔一般＜600m，相对高差一般在50～100m；黄壤；基岩裸露度≥70%，土层厚度＜20cm，坡度一般≤35°
		岩溶丘陵黄色石灰土组	Ⅱ-05	岩溶丘陵轻度裸露中厚层黄色石灰土型	Ⅱ-05-01	海拔一般＜600m，相对高差一般在50～100m；黄色石灰土；基岩裸露度30%～49%，土层厚度≥40cm，坡度≤35°
				岩溶丘陵轻度裸露薄层黄色石灰土型	Ⅱ-05-02	海拔一般＜600m，相对高差一般在50～100m；黄色石灰土；基岩裸露度30%～49%，土层厚度20～39cm，坡度≤35°
				岩溶丘陵中度裸露薄层黄色石灰土型	Ⅱ-05-03	海拔一般＜600m，相对高差一般在50～100m；黄色石灰土；基岩裸露度50%～69%，土层厚度20～39cm，坡度≤35°
				岩溶丘陵中度裸露极薄层黄色石灰土型	Ⅱ-05-04	海拔一般＜600m，相对高差一般在50～100m；黄色石灰土；基岩裸露度50%～69%，土层厚度＜20cm，坡度≤35°
				岩溶丘陵重度裸露极薄层黄色石灰土型	Ⅱ-05-05	海拔一般＜600m，相对高差一般在50～100m；黄色石灰土；基岩裸露度≥70%，土层厚度＜20cm，坡度≤35°
		岩溶丘陵黑色石灰土组	Ⅱ-06	岩溶山地轻度裸露中厚层黑色石灰土型	Ⅱ-06-01	海拔一般＜600m，相对高差一般在50～100m；黑色石灰土；基岩裸露度30%～49%，土层厚度≥40cm，坡度一般≤35°

表3-7（续3）

立地区		立地类型组		立地类型		立地特征
名称	代号	名称	代号	名称	代号	
				岩溶山地轻度裸露薄层黑色石灰土型	Ⅱ-06-02	海拔一般<600m，相对高差一般在50～100m；黑石灰土；基岩裸露度30%～49%，土层厚度20～39cm，坡度一般≤35°
				岩溶山地中度裸露薄层黑色石灰土型	Ⅱ-06-03	海拔一般<600m，相对高差一般在50～100m；黑石灰土；基岩裸露度50%～69%，土层厚度20～39cm，坡度一般≤35°
				岩溶山地中度裸露极薄层黑色石灰土型	Ⅱ-06-04	海拔一般<600m，相对高差一般在50～100m；黑石灰土；基岩裸露度50%～69%，土层厚度<20cm，坡度一般≤35°
				岩溶山地重度裸露极薄层黑色石灰土型	Ⅱ-06-05	海拔一般<600m，相对高差一般在50～100m；黑石灰土；基岩裸露度≥70%，土层厚度<20cm，坡度一般≤35°
		岩溶山地黄壤组	Ⅱ-07	岩溶山地轻度裸露中厚层黄壤型	Ⅱ-07-01	海拔一般>500m，相对高差较大（一般>200m）；黄壤；基岩裸露度30%～49%，土层厚度≥40cm，坡度一般≤35°
				岩溶山地轻度裸露薄层黄壤型	Ⅱ-07-02	海拔一般>500m，相对高差较大（一般>200m）；黄壤；基岩裸露度30%～49%，土层厚度20～39cm，坡度一般≤35°
				岩溶山地中度裸露薄层黄壤型	Ⅱ-07-03	海拔一般>500m，相对高差较大（一般>200m）；黄壤；基岩裸露度50%～69%，土层厚度20～39cm，坡度一般≤35°
				岩溶山地中度裸露极薄层黄壤型	Ⅱ-07-04	海拔一般>500m，相对高差较大（一般>200m）；黄壤；基岩裸露度50%～69%，土层厚度<20cm，坡度一般≤35°
				岩溶山地重度裸露极薄层黄壤型	Ⅱ-07-05	海拔一般>500m，相对高差较大（一般>200m）；黄壤；基岩裸露度≥70%，土层厚度<20cm，坡度一般≤35°
		岩溶山地黄色石灰土组	Ⅱ-08	岩溶山地轻度裸露中厚层黄色石灰土型	Ⅱ-08-01	海拔一般>500m，相对高差较大（一般>200m）；黄色石灰土；基岩裸露度30%～49%，土层厚度≥40cm，坡度一般≤35°
				岩溶山地轻度裸露薄层黄色石灰土型	Ⅱ-08-02	海拔一般>500m，相对高差较大（一般>200m）；黄色石灰土；基岩裸露度30%～49%，土层厚度20～39cm，坡度一般≤35°
				岩溶山地中度裸露薄层黄色石灰土型	Ⅱ-08-03	海拔一般>500m，相对高差较大（一般>200m）；黄色石灰土；基岩裸露度50%～69%，土层厚度20～39cm，坡度一般≤35°

表3-7(续4)

立地区 名称	代号	立地类型组 名称	代号	立地类型 名称	代号	立地特征
				岩溶山地中度裸露极薄层黄色石灰土型	Ⅱ-08-04	海拔一般>500m,相对高差较大(一般>200m);黄色石灰土;基岩裸露度50%~69%,土层厚度<20cm,坡度一般≤35°
				岩溶山地重度裸露极薄层黄色石灰土型	Ⅱ-08-05	海拔一般>500m,相对高差较大(一般>200m);黄色石灰土;基岩裸露度≥70%,土层厚度<20cm,坡度一般≤35°
		岩溶山地黑色石灰土组	Ⅱ-09	岩溶山地轻度裸露中厚层黑色石灰土型	Ⅱ-09-01	海拔一般>500m,相对高差较大(一般>200m);黑色石灰土;基岩裸露度30%~49%,土层厚度≥40cm,坡度一般≤35°
				岩溶山地轻度裸露薄层黑色石灰土型	Ⅱ-09-02	海拔一般>500m,相对高差较大(一般>200m);黑色石灰土;基岩裸露度30%~49%,土层厚度20~39cm,坡度一般≤35°
				岩溶山地中度裸露薄层黑色石灰土型	Ⅱ-09-03	海拔一般>500m,相对高差较大(一般>200m);黑色石灰土;基岩裸露度50%~69%,土层厚度20~39cm,坡度一般≤35°
				岩溶山地中度裸露极薄层黑色石灰土型	Ⅱ-09-04	海拔一般>500m,相对高差较大(一般>200m);黑色石灰土;基岩裸露度50%~69%,土层厚度<20cm,坡度一般≤35°
				岩溶山地重度裸露极薄层黑色石灰土型	Ⅱ-09-05	海拔一般>500m,相对高差较大(一般>200m);黑色石灰土;基岩裸露度≥70%,土层厚度<20cm,坡度一般≤35°
川东北平行岭谷岩溶立地区	Ⅲ	岩溶槽谷黄壤组	Ⅲ-01	岩溶槽谷轻度裸露中厚层黄壤型	Ⅲ-01-01	黄壤;基岩裸露度30%~49%,土层厚度≥40cm,坡度一般≤35°
				岩溶槽谷轻度裸露薄层黄壤型	Ⅲ-01-02	黄壤;基岩裸露度30%~49%,土层厚度20~39cm,坡度一般≤35°
				岩溶槽谷中度裸露中厚层黄壤型	Ⅲ-01-03	黄壤;基岩裸露度50%~69%,土层厚度≥40cm,坡度一般≤35°
				岩溶槽谷中度裸露薄层黄壤型	Ⅲ-01-04	黄壤;基岩裸露度50%~69%,土层厚度20~39cm,坡度一般≤35°
				岩溶槽谷重度裸露极薄层黄壤型	Ⅲ-01-05	黄壤;基岩裸露度≥70%,土层厚度<20cm,坡度一般≤35°

表3-7(续5)

立地区		立地类型组		立地类型		立地特征
名称	代号	名称	代号	名称	代号	
		岩溶槽谷黄色石灰土组	Ⅲ-02	岩溶槽谷轻度裸露中厚层黄色石灰土型	Ⅲ-02-01	黄色石灰土；基岩裸露度30%~49%，土层厚度≥40cm，坡度一般≤35°
				岩溶槽谷轻度裸露薄层黄色石灰土型	Ⅲ-02-02	黄色石灰土；基岩裸露度30%~49%，土层厚度20~39cm，坡度一般≤35°
				岩溶槽谷中度裸露中厚层黄色石灰土型	Ⅲ-02-03	黄色石灰土；基岩裸露度50%~69%，土层厚度≥40cm，坡度一般≤35°
				岩溶槽谷中度裸露薄层黄色石灰土型	Ⅲ-02-04	黄色石灰土；基岩裸露度50%~69%，土层厚度20~39cm，坡度一般≤35°
				岩溶槽谷重度裸露极薄层黄色石灰土型	Ⅲ-02-05	黄色石灰土；基岩裸露度≥70%，土层厚度<20cm，坡度一般≤35°
		岩溶丘陵黄壤组	Ⅲ-03	岩溶丘陵轻度裸露中厚层黄壤型	Ⅲ-03-01	海拔一般<600m，相对高差一般在50~100m；黄壤30%~49%，土层厚度≥40cm，坡度一般≤35°
				岩溶丘陵轻度裸露薄层黄壤型	Ⅲ-03-02	海拔一般<600m，相对高差一般在50~100m；黄壤30%~49%，土层厚度20~39cm，坡度一般≤35°
				岩溶丘陵中度裸露薄层黄壤型	Ⅲ-03-03	海拔一般<600m，相对高差一般在50~100m；黄壤50%~69%，土层厚度20~39cm，坡度一般≤35°
				岩溶丘陵中度裸露极薄层黄壤型	Ⅲ-03-04	海拔一般<600m，相对高差一般在50~100m；黄壤50%~69%，土层厚度<20cm，坡度一般≤35°
				岩溶丘陵重度裸露极薄层黄壤型	Ⅲ-03-05	海拔一般<600m，相对高差一般在50~100m；黄壤≥70%，土层厚度<20cm，坡度一般≤35°
		岩溶丘陵黄色石灰土组	Ⅲ-04	岩溶丘陵轻度裸露中厚层黄色石灰土型	Ⅲ-04-01	海拔一般<600m，相对高差一般在50~100m；黄色石灰土，基岩裸露度30%~49%，土层厚度≥40cm，坡度一般≤35°
				岩溶丘陵轻度裸露薄层黄色石灰土型	Ⅲ-04-02	海拔一般<600m，相对高差一般在50~100m；黄色石灰土，基岩裸露度30%~49%，土层厚度20~39cm，坡度一般≤35°

表3-7(续6)

立地区		立地类型组		立地类型		立地特征
名称	代号	名称	代号	名称	代号	
				岩溶丘陵中度裸露薄层黄色石灰土型	Ⅲ-04-03	海拔一般<600m,相对高差一般在50~100m;黄色石灰土;基岩裸露度50%~69%,土层厚度20~39cm,坡度一般≤35°
				岩溶丘陵中度裸露极薄层石灰土型	Ⅲ-04-04	海拔一般<600m,相对高差一般在50~100m;黄色石灰土;基岩裸露度50%~69%,土层厚度<20cm,坡度一般≤35°
				岩溶丘陵重度裸露极薄层黄色石灰土型	Ⅲ-04-05	海拔一般<600m,相对高差一般在50~100m;黄色石灰土;基岩裸露度≥70%,土层厚度<20cm,坡度一般≤35°
		岩溶山地黄壤组	Ⅲ-05	岩溶山地轻度裸露中厚层黄壤型	Ⅲ-05-01	海拔一般>500m,相对高差较大(一般>200m);黄壤;基岩裸露度30%~49%,土层厚度≥40cm,坡度一般≤35°
				岩溶山地轻度裸露薄层黄壤型	Ⅲ-05-02	海拔一般>500m,相对高差较大(一般>200m);黄壤;基岩裸露度30%~49%,土层厚度20~39cm,坡度一般≤35°
				岩溶山地中度裸露薄层黄壤型	Ⅲ-05-03	海拔一般>500m,相对高差较大(一般>200m);黄壤;基岩裸露度50%~69%,土层厚度20~39cm,坡度一般≤35°
				岩溶山地中度裸露极薄层黄壤型	Ⅲ-05-04	海拔一般>500m,相对高差较大(一般>200m);黄壤;基岩裸露度50%~69%,土层厚度<20cm,坡度一般≤35°
				岩溶山地重度裸露极薄层黄壤型	Ⅲ-05-05	海拔一般>500m,相对高差较大(一般>200m)黄壤;基岩裸露度≥70%,土层厚度<20cm,坡度一般≤35°
		岩溶山地黄色石灰土组	Ⅲ-06	岩溶山地轻度裸露中厚层黄色石灰土型	Ⅲ-06-01	海拔一般>500m,相对高差较大(一般>200m);黄色石灰土;基岩裸露度30%~49%,土层厚度≥40cm,坡度一般≤35°
				岩溶山地轻度裸露薄层黄色石灰土型	Ⅲ-06-02	海拔一般>500m,相对高差较大(一般>200m);黄色石灰土;基岩裸露度30%~49%,土层厚度20~39cm,坡度一般≤35°
				岩溶山地中度裸露薄层黄色石灰土型	Ⅲ-06-03	海拔一般>500m,相对高差较大(一般>200m);黄色石灰土;基岩裸露度50%~69%,土层厚度20~39cm,坡度一般≤35°

表3-7（续7）

立地区 名称	代号	立地类型组 名称	代号	立地类型 名称	代号	立地特征
				岩溶山地中度裸露极薄层黄色石灰土型	Ⅲ-06-04	海拔一般>500m，相对高差较大（一般>200m）；黄色石灰土；基岩裸露度50%～69%，土层厚度<20cm，坡度一般≤35°
				岩溶山地重度裸露极薄层黄色石灰土型	Ⅲ-06-05	海拔一般>500m，相对高差较大（一般>200m）；黄色石灰土；基岩裸露度≥70%，土层厚度<20cm，坡度一般≤35°
川西南山地岩溶立地区	Ⅳ	岩溶槽谷黄壤组	Ⅳ-01	岩溶槽谷轻度裸露中厚层黄壤型	Ⅳ-01-01	海拔<2 000m；黄壤；基岩裸露度30%～49%，土层厚度≥40cm，坡度一般≤35°
				岩溶槽谷轻度裸露薄层黄壤型	Ⅳ-01-02	海拔<2 000m；黄壤；基岩裸露度30%～49%，土层厚度20～39cm，坡度一般≤35°
				岩溶槽谷中度裸露中厚层黄壤型	Ⅳ-01-03	海拔<2 000m；黄壤；基岩裸露度50%～69%，土层厚度≥40cm，坡度一般≤35°
				岩溶槽谷中度裸露薄层黄壤型	Ⅳ-01-04	海拔<2 000m；黄壤；基岩裸露度50%～69%，土层厚度20～39cm，坡度一般≤35°
				岩溶槽谷重度裸露极薄层黄壤型	Ⅳ-01-05	海拔<2 000m；黄壤；基岩裸露度≥70%，土层厚度<20cm，坡度一般≤35°
		岩溶槽谷红色石灰土组	Ⅳ-02	岩溶槽谷轻度裸露中厚层红色石灰土型	Ⅳ-02-01	海拔<2 000m；红色石灰土；基岩裸露度30%～49%，土层厚度≥40cm，坡度≤35°
				岩溶槽谷轻度裸露薄层红色石灰土型	Ⅳ-02-02	海拔<2 000m；红色石灰土；基岩裸露度30%～49%，土层厚度20～39cm，坡度≤35°
				岩溶槽谷中度裸露中厚层红色石灰土型	Ⅳ-02-03	海拔<2 000m；红色石灰土；基岩裸露度50%～69%，土层厚度≥40，坡度一般≤35°
				岩溶槽谷中度裸露薄层红色石灰土型	Ⅳ-02-04	海拔<2 000m；红色石灰土；基岩裸露度50%～69%，土层厚度20～39cm，坡度一般≤35°

表3-7(续8)

立地区		立地类型组		立地类型		立地特征
名称	代号	名称	代号	名称	代号	
				岩溶槽谷重度裸露极薄层红色石灰土型	IV-02-05	海拔<2 000m;红色石灰土;基岩裸露度≥70%,土层厚度<20cm,坡度一般≤35°
		岩溶槽谷棕色石灰土组	IV-03	岩溶槽谷轻度裸露中厚层棕色石灰土型	IV-03-01	海拔<2 000m;棕色石灰土;基岩裸露度30~49%,土层厚度≥40cm,坡度一般≤35°
				岩溶槽谷轻度裸露薄层棕色石灰土型	IV-03-02	海拔<2 000m;棕色石灰土;基岩裸露度30~49%,土层厚度20~39cm,坡度≤35°
				岩溶槽谷中度裸露中厚层棕色石灰土型	IV-03-03	海拔<2 000m;棕色石灰土;基岩裸露度50~69%,土层厚度≥40cm,坡度一般≤35°
				岩溶槽谷中度裸露薄层棕色石灰土型	IV-03-04	海拔<2 000m;棕色石灰土;基岩裸露度50~69%,土层厚度20~39cm,坡度≤35°
				岩溶槽谷重度裸露极薄层棕色石灰土型	IV-03-05	海拔<2 000m;棕色石灰土;基岩裸露度≥70%,土层厚度<20cm,坡度一般≤35°
		岩溶山地黄壤组	IV-04	岩溶山地轻度裸露中厚层黄壤型	IV-04-01	海拔一般<2 000m;黄壤;基岩裸露度30~49%,土层厚度≥40cm,坡度≤35°
				岩溶山地轻度裸露薄层黄壤型	IV-04-02	海拔一般<2 000m;黄壤;基岩裸露度30~49%,土层厚度20~39cm,坡度≤35°
				岩溶山地中度裸露中厚层黄壤型	IV-04-03	海拔一般<2 000m;黄壤;基岩裸露度50~69%,土层厚度≥40cm,坡度≤35°
				岩溶山地中度裸露薄层黄壤型	IV-04-04	海拔一般<2 000m;黄壤;基岩裸露度50~69%,土层厚度20~39cm,坡度≤35°
				岩溶山地重度裸露极薄层黄壤型	IV-04-05	海拔一般<2 000m;黄壤;基岩裸露度≥70%,土层厚度<20cm,坡度≤35°

表3-7（续9）

立地区		立地类型组		立地类型		立地特征
名称	代号	名称	代号	名称	代号	立地特征
		岩溶山地红色石灰土组	IV-05	岩溶山地轻度裸露中厚层红色石灰土型	IV-05-01	海拔一般<2 000m；红色石灰土；基岩裸露度30～49%，土层厚度≥40cm，坡度一般≤35°
				岩溶山地轻度裸露薄层红色石灰土型	IV-05-02	海拔一般<2 000m；红色石灰土；基岩裸露度30～49%，土层厚度20～39cm，坡度一般≤35°
				岩溶山地中度裸露薄层红色石灰土型	IV-05-03	海拔一般<2 000m；红色石灰土；基岩裸露度50～69%，土层厚度20～39cm，坡度一般≤35°
				岩溶山地中度裸露极薄层红色石灰土型	IV-05-04	海拔一般<2 000m；红色石灰土；基岩裸露度50～69%，土层厚度<20cm，坡度一般≤35°
				岩溶山地重度裸露极薄层红色石灰土型	IV-05-05	海拔一般<2 000m；红色石灰土；基岩裸露度≥70%，土层厚度<20cm，坡度一般≤35°
		岩溶山地棕色石灰土组	IV-06	岩溶山地轻度裸露中厚层棕色石灰土型	IV-06-01	海拔一般<2 000m；棕色石灰土；基岩裸露度30～49%，土层厚度≥40cm，坡度一般≤35°
				岩溶山地轻度裸露薄层棕色石灰土型	IV-06-02	海拔一般<2 000m；棕色石灰土；基岩裸露度30～49%，土层厚度20～39cm，坡度一般≤35°
				岩溶山地中度裸露薄层棕色石灰土型	IV-06-03	海拔一般<2 000m；棕色石灰土；基岩裸露度50～69%，土层厚度20～39cm，坡度一般≤35°
				岩溶山地中度裸露极薄层棕色石灰土型	IV-06-04	海拔一般<2 000m；棕色石灰土；基岩裸露度50～69%，土层厚度<20cm，坡度一般≤35°
				岩溶山地重度裸露极薄层棕色石灰土型	IV-06-05	海拔一般<2 000m；棕色石灰土；基岩裸露度≥70%，土层厚度<20cm，坡度一般≤35°
		岩溶峡谷黄壤组	IV-07	岩溶峡谷轻度裸露中厚层黄壤型	IV-07-01	海拔一般<2 000m；黄壤；基岩裸露度30～49%，土层厚度≥40cm

表3-7（续10）

立地区		立地类型组		立地类型		立地特征
名称	代号	名称	代号	名称	代号	
				岩溶峡谷轻度裸露薄层黄壤型	IV-07-02	海拔一般<2 000m;黄壤;基岩裸露度30%~49%,土层厚度20~39cm
				岩溶峡谷中度裸露薄层黄壤型	IV-07-03	海拔一般<2 000m;黄壤;基岩裸露度50%~69%,土层厚度<20cm
				岩溶峡谷重度裸露极薄层黄壤型	IV-07-04	海拔一般<2 000m;黄壤;基岩裸露度≥70%,土层厚度<20cm
		岩溶峡谷红色石灰土组	IV-08	岩溶峡谷轻度裸露中厚层红色石灰土型	IV-08-01	海拔一般<2 000m;红色石灰土;基岩裸露度30%~49%,土层厚度≥40cm
				岩溶峡谷轻度裸露薄层红色石灰土型	IV-08-02	海拔一般<2 000m;红色石灰土;基岩裸露度30%~49%,土层厚度20~39cm
				岩溶峡谷中度裸露薄层红色石灰土型	IV-08-03	海拔一般<2 000m;红色石灰土;基岩裸露度50%~69%,土层厚度<20cm
				岩溶峡谷重度裸露极薄层红色石灰土型	IV-08-04	海拔一般<2 000m;红色石灰土;基岩裸露度≥70%,土层厚度<20cm
		岩溶峡谷棕色石灰土组	IV-09	岩溶峡谷轻度裸露中厚层棕色石灰土型	IV-09-01	海拔一般<2 000m;棕色石灰土;基岩裸露度30%~49%,土层厚度≥40cm
				岩溶峡谷轻度裸露薄层棕色石灰土型	IV-09-02	海拔一般<2 000m;棕色石灰土;基岩裸露度30%~49%,土层厚度20~39cm
				岩溶峡谷中度裸露薄层棕色石灰土型	IV-09-03	海拔一般<2 000m;棕色石灰土;基岩裸露度50%~69%,土层厚度<20cm
				岩溶峡谷重度裸露极薄层棕色石灰土型	IV-09-04	海拔一般<2 000m;棕色石灰土;基岩裸露度≥70%,土层厚度<20cm

4 四川岩溶区石漠化土地植被恢复技术及模型典型设计

4.1 植被恢复技术遵循的基本原则

综合分析调查监测资料和典型调查资料，总结近年来石漠化土地植被恢复成功的经验和失败的教训，溶区石漠化土地植被恢复技术遵循以下基本原则：

（1）因地施策。根据岩溶区不同的立地条件，宜乔则乔、宜灌则灌、宜竹则竹、宜草则草、宜藤则藤，达到因害设防，因地施策的目的。

（2）严格树（草）种选择。植被恢复能否取得成功并取得成效，很大程度上取决于树（草）种的选择。首先要注重树（草）的环境适应性，由于岩溶区环境条件特殊，立地条件差且复杂多样，因而要求所选择的树（草）种能适应立地的生态特征，以实现适地适树适种源的客观要求。二是具有成功的把握，所选树（草）种应具有栽培成功的经验和相关技术，对于引种树（草）种必须是经过引种试验，表现稳定且对当地物种不构成威胁才能选用。三是功能协调性，恢复石漠化土地植被所选树（草）种必须考虑其功能协调性，那就是以控制水土流失改善生态环境为主，兼顾景观和经济效益。四是适度满足当地需求，岩溶区各地老百姓对一些树（草）种有一些偏好，在充分考虑环境适应性和具有成功把握的前提下，适度满足其愿望。

（3）细化植被恢复技术和措施。岩溶区石漠化土地植被恢复难度大，技术要求高，一个技术细节就可能决定植被恢复的成败。这就要求各种技术措施要有很强的针对性，具体化、细化各项技术措施，同时应具有可操作性。

4.2 植被恢复技术

4.2.1 树（草）种选择

调查研究表明，岩溶区适生树种多具有以下几个特点：

（1）适宜于中性偏碱性和钙质土壤生长；

（2）根系发达，趋水趋肥性和穿窜岩石隙缝生长能力强；

（3）能忍耐土壤周期性干旱和热量变幅；

（4）易成活，生长迅速，具有较强的萌芽更新能力等。

根据岩溶区石漠化土地适生树种特点和植被恢复的目标要求，石漠化土地植被恢复的树种选择遵循以下几个原则：

（1）乡土树种为主，气候相似性为辅；

（2）乔、竹、灌、藤、草因地选择；

（3）生态树（草）种、经济林树（草）种兼顾；

（4）短期效益和长期效益相结合。

根据岩溶区石漠化土地调查监测图班和典型调查资料分析，结合 16 个石漠化综合治理试点工程县实际应用总结，进一步对各植物种类资源分布、生态学特性、生物学特性、经济性状等进行分析，根据各地的气候、立地条件等特点，从中选择适生、生态功能好，经济价值高，生长迅速，根系发达，容易繁殖的树（草）种 45 个，其中：乔木 29 个、竹类 5 个、灌木 6 个、藤本 3 个、草本 2 个；按利用方向分，生态树（草）种 36 个，经济树种 9 个。各树（草）种生物学、生态学特性及其区域适宜性详见表 4-1。

4.2.2 良种壮苗

把好种子、苗木质量关是石漠化土地植被恢复成功的重要环节，选用良种是提高植被恢复质量的重要措施；植苗造林多选用容器苗，裸根苗、种子直播因地选用。根据造林地的土壤墒情，在土层相对较厚并能保持土壤水分的地块，可采用裸根苗，但应保护好须根不受损伤；在土层较薄，保水能力差的地段，采用容器苗。而在石缝、石隙处，可种子直播。严禁不合格苗上山造林。直播种子造林前应进行防鼠鸟、催芽等处理，减少种子损失，提高种子发芽率和成苗率。

4.2.3 造林密度

合理的造林密度是在有限的环境容量下，发挥最大的生态效益、经济效益的重要措施。造林密度过大，不仅大量破坏原生植被，而且林分郁闭早，影响林下植被生长，对林木生长也不利；造林密度过小，林分难以在希望的时间内郁闭，见效慢，甚至达不到理想的效果。根据岩溶区石漠化土地特征，合理确定造林密度重点考虑 3 个方面：

（1）立地条件方面。土层较厚、基岩裸露度低、水资源较充足、原生植被较好的地段，造林密度可适度偏小；相反，土层瘠薄、基岩裸露高、水资源短缺、原生植被少的地段，为尽快郁闭，造林密度适度偏大。

（2）树种特性方面。在相同条件下，速生树种的造林密度适度偏小，而慢生树种则宜适度偏大；乔木树种造林密度适度偏小，灌木树种适度偏大；针叶树种造林密度宜适度偏大，阔叶树种适度偏小；树冠密度小的树种造林密度宜适度偏大，树冠密度大的树种适度偏小。

岩溶区石漠化土地主要适生树（草）种特性一览表

表 4-1

序号	树（草）种名称	类型	生物学特性					生态学特性						区域适宜性			
			叶性	根性	整枝性能	生长速度	自然更新或萌发能力	海拔	光照	温度	耐旱性	土壤适宜性	土壤pH值	盆地中丘陵岩溶立地区	川南盆地边缘岩溶立地区	川东北平行岭谷岩溶立地区	川西南山山地岩溶立地区
1	马尾松 Pinus massoniana	乔木	常绿针叶	深根性，有菌根菌共生	较强	快	强	<1000m	强阳性	喜温暖	喜湿润、耐干旱	深厚疏松土、耐瘠薄	4.5~6.5	+	+	+	
2	云南松 Pinus yunnanensis	乔木	常绿针叶	深根性	较强	快	强	1000~2600m	强阳性	喜温暖	喜湿润、耐干旱	深厚疏松土、耐瘠薄	4.5~6.5		+	++	++
3	柏木 Cupressus funebris	乔木	常绿针叶	主根浅，细、侧根、须根发达	较弱	中	强	<1000m	中偏阳	喜温暖	喜湿润、耐干旱	喜肥沃、耐瘠薄	6.0~8.0	++	++	++	
4	侧柏 Platycladus orientalis	乔木	常绿针叶	浅根性，侧根、须根发达	较弱	慢	强	<1300m	中偏阳	喜温暖	耐干旱	喜肥沃、耐瘠薄	7.0~8.0	+	+	+	+
5	杉木 Cunninghamia lanceolata	乔木	常绿针叶	浅根性，侧根、须根发达	强	快	强	<1400m	中偏阳	喜温暖	喜湿润、怕旱、风	土厚、肥沃、排水良好	4.5~6.5	+	++	+	
6	柳杉 Cryptomeria fortunei	乔木	常绿针叶	浅根性，侧根发达	较强	快	弱	<1500m	中偏阳	喜温暖	喜湿润、空气湿度大	土厚、疏松的壤土	4.5~6.5	+	++	+	
7	青冈栎 Cyclobalanopsis glauca	乔木	常绿阔叶	深根性，根系发达	较强	快	强	<2600m	阳性	喜温暖	喜湿润、耐旱	土壤要求不严	6.0~8.5	++	++	++	++
8	麻栎 Quercus acutissima	乔木	落叶阔叶	深根性，根系发达	弱	中	强	<1500m	阳性	喜温暖	喜湿、不耐水湿、耐瘠	喜深厚、肥沃、排水良好壤土、耐瘠	6.0~7.5	++	++	++	++

表4-1（续1）

序号	树（草）种名称	类型	生物学特性					生态学特性						区域适宜性			
			叶性	根性	整枝性能	生长速度	自然更新或萌发能力	海拔	光照	温度	耐旱性	土壤适宜性	土壤pH值	盆地中丘酸岩溶立地区	川南盆地边缘酸岩溶立地区	川东北平行岭谷岩溶立地区	川西南山地岩溶立地区
9	漆树 Toxicodendron verniciflum	乔木	落叶阔叶	主根不明显、侧根发达	中	快	强	<1 500m	阳性	喜温暖	喜湿润、怕水渍	喜深厚、肥沃、排水良好土壤	5.5~8.0	+		+	
10	桤木 Alnus cremastogyne	乔木	落叶阔叶	浅根性，具有根瘤	弱	快	强	<1 400m	阳性	喜温暖	喜湿润、耐水湿	喜深厚、疏松、肥沃土壤	4.5~8.0	++	++	++	
11	西南桤木 Alnus nepalensis	乔木	落叶阔叶	根发达、有根瘤	弱	快	强	1 000~2 700m	阳性	喜温暖，耐寒能力较强	喜湿润、稍耐干旱	喜疏松、肥沃土壤，稍耐瘠薄	5.5~7.5				++
12	檫木 Sapium tsumu	乔木	落叶阔叶	深根性，根通气好	强	快	强	<800m	中偏阳	喜温暖	喜湿润、忌积水	喜深厚、通气、排水良好土壤	4.5~6.5		+		
13	光皮桦 Betual luminifera	乔木	落叶阔叶	根系发达、主根深	较强	快	强	500~1 500m	阳性	喜温暖、耐寒	喜湿润	要求不严、耐瘠薄	5.0~7.0		+		
14	直干桉 Eucalyptus maideni	乔木	常绿阔叶	根系发达	强	快	强	1 200~2 000m	阳性	喜温暖、不耐寒	喜湿润、不耐湿热	喜深厚肥沃土壤	5.0~7.5				+
15	新银合欢 Leucaena Leucocephala	小乔木、灌木	常绿阔叶	根发达、有根瘤	弱	快	强	<1 500m	强阳性	喜温暖、不耐寒	喜湿润、耐旱性强	喜深厚肥沃、耐瘠薄	6.0~8.0				++
16	香樟 Cinnamomum camphora	乔木	常绿阔叶	深根性、主根发达	中	较快	较强	<1 300m	中偏阳	喜温暖	喜湿润、不耐涝	喜深厚、疏松、肥沃土壤	5.0~7.5	+	++	+	+

表4-1(续2)

序号	树(草)种名称	类型	生物学特性						生态学特性					区域适宜性			
			叶性	根性	整枝性能	生长速度	自然更新或萌发能力	海拔	光照	温度	耐旱性	土壤适宜性	土壤pH值	盆地中丘陵岩溶立地地区	川南盆地边缘岩溶立地地区	川东北平行岭谷岩溶立地地区	川西南山地岩溶立地地区
17	油樟 Cinnamomum longepaniculatum	乔木	常绿阔叶	深根性,主根发达	中	较快	较强	500~2 000m	中偏阳	喜温暖,耐荫	喜湿润	喜深厚,肥沃土壤	5.0~6.5		++	+	
18	岩桂 Cinnamomum Petrophilum	小乔木或灌木	常绿阔叶	深根性,根系发达	中	较快	较强	<1 500m	中偏阳	喜温暖	喜湿润,耐干旱	喜深厚、肥沃,耐瘠薄	5.0~7.5		++		
19	香椿 Toona sinensis	乔木	落叶阔叶	深根性	中	快	强	<1 500m	阳性	喜温暖	喜湿润,较耐水湿	喜深厚,沃沙壤土	5.0~8.0	++	++	++	++
20	红椿 Toona sureni	乔木	落叶阔叶	深根性	中	快	强	<800m	阳性	喜温暖	喜湿润	喜深厚、肥沃,溶排水好土壤	5.0~7.5	++	++	++	++
21	刺槐 Robinia pseudoacacia	乔木	落叶阔叶	根系发达,具根瘤	弱	快	强	<1 800m	阳性	喜温暖,较耐寒	较耐旱,不耐水湿	喜疏松,排水良好土	6.0~8.0	+	+	+	+
22	慈竹 Sinocalmus affinis	大径竹	常绿阔叶	根系发达	中	快	强	<800m	阳性	喜温暖	喜湿润	喜深厚、肥沃,排水良好的壤土	5.0~7.0	++	++	++	
23	硬头黄 Bambusa rigida	大径竹	常绿阔叶	根系发达	中	快	强	<800m	阳性	喜温暖	喜湿润	喜深厚、肥沃,排水良好的壤土	5.0~7.0	++	++	++	

表4-1（续3）

序号	树（草）种名称	类型	生物学特性					生态学特性					区域适宜性			
			叶性	根性	整枝性能	生长速度	自然更新或萌发能力	海拔	光照	温度	耐旱性	土壤适宜性	土壤pH值	盆地中丘酸岩溶立地区	川南盆地边缘岩溶立地区	川东北平行岭谷岩溶立地区	川西南山地岩溶立地区
24	麻竹 *Dendrocalamus latiflorus*	大径竹	常绿阔叶	根系发达	中	快	强	<800m	阳性	喜温暖	喜湿润	深厚、肥沃、湿润、排水好	5.0~7.0	+	+	+	
25	绵竹 *Lingnania intermedia*	大径竹	常绿阔叶	根系发达	中	快	强	<1 300m	阳性	喜温暖	喜湿润	深厚、肥沃、湿润、排水好	5.0~7.0	+	++		
26	撑绿竹 *Bambusa pervariabilis×Dendrocalamopsis grandia*	大径竹	常绿阔叶	根系发达	中	快	强	<800m	阳性	喜温暖	喜湿润	深厚、肥沃、湿润、排水好	5.0~7.0	+	+	+	
27	杜仲 *Eucommia ulmoides*	乔木	落叶阔叶	根系发达	中	快	强	<1 200m	阳性	喜温暖、耐寒	喜湿润	喜深厚、湿润、肥沃土壤	5.5~7.5	+	+	+	
28	川黄柏 *Phellodendron chinense*	乔木	落叶阔叶	深根性	中	快		900~1 700m	阳性	喜温暖、稍耐荫、耐寒	喜潮湿、怕涝、不耐瘠薄	喜深厚肥沃土壤	5.5~7.0	+	+		+
29	核桃 *Juglans regia*	乔木	落叶阔叶	深根性、主根发达	中	快	中	<2 000m	阳性	喜温暖、凉爽	喜湿润、不耐旱	喜深厚、疏松、肥沃	6.0~8.0	++	++	++	++
30	板栗 *Castanea mollissima*	乔木	落叶阔叶	深根性、根系发达	弱	中	强	<2 000m	阳性	喜温暖	喜湿、较耐旱	喜深厚、疏松土壤	5.5~6.5	+	+	+	+

表4-1(续4)

序号	树(草)种名称	类型	生物学特性					生态学特性						区域适宜性			
			叶性	根性	整枝性能	生长速度	自然更新或萌发能力	海拔	光照	温度	耐旱性	土壤适宜性	土壤pH值	盆地中丘陵岩溶立地区	川南盆地边缘岩溶岩立地区	川东北平行岭谷岩溶立地区	川西南山地岩溶立地区
31	枇杷 Eriobotrya japonica	小乔木	常绿阔叶	浅根性、须根发达	弱	慢	中	<1 500m	阳性	喜温暖、稍耐荫、不耐严寒	喜湿润	喜深厚肥沃、排水良好的土壤	5.5~7.5	+	+	+	+
32	桑树 Morus alba	小乔木	落叶阔叶	主根发达	耐修剪	快	强	<1 500m	阳性	喜温暖	喜湿耐旱	喜深厚、湿润、肥沃土壤	5.5~8.0	++	++	++	++
33	李 Prunus salicina Lindl.	小乔木	常绿阔叶	浅根性、须根多	耐修剪	快	强	<1 600m	中偏阳	喜温暖、较耐寒	喜湿、怕水涝	喜排水良好的粘壤土	5.5~7.5	++	++	++	++
34	花椒 Zanthoxylum bungeanum Maxim.	灌木	落叶阔叶	主根浅、侧根发达	弱	快	强	<2 000m	阳性	喜温暖	较耐旱、最不耐涝	喜深厚、肥沃沙壤土	5.5~8.0	++	++	++	++
35	青花椒 Zanthoxylum schinifolium	灌木	落叶阔叶	主根浅、侧根发达	耐修剪	快	强	<1 000m	阳性	喜温暖、耐寒	耐旱、最不耐涝	喜土层深厚、肥沃壤土、沙壤土	5.5~8.0	++	++	++	++
36	麻疯树 Jatropha curcas	小乔木或灌木	落叶阔叶	根系粗壮发达	弱	快	强	<1 800m	阳性	喜温暖	喜湿润、耐干旱	喜深厚、肥沃、疏松土壤	5.5~8.5	++	++	++	++
37	紫穗槐 Amorpha fruticosa	灌木	落叶阔叶	根系发达、具根瘤菌		快	强	<1 000m	阳性	喜温暖	耐旱、耐湿	耐瘠薄	5.5~8.5	++	++	++	++
38	马桑 Coriaria sinica	灌木	落叶阔叶	深根性、具固氮根瘤菌		快	强	<2 000m	阳性	喜温暖	耐干旱	耐瘠薄	6.5~8.5	++	++	++	++

表4-1（续5）

序号	树（草）种名称	类型	生物学特性					生态学特性						区域适宜性			
			叶性	根性	整枝性能	生长速度	自然更新或萌发能力	海拔	光照	温度	耐旱性	土壤适宜性	土壤pH值	盆地中丘陵岩溶立地区	川南盆地边缘岩溶立地区	川东北平行岭谷岩溶立地区	川西南山地岩溶立地区
39	黄荆 Vitex negundo	灌木	落叶阔叶	主根浅、侧根发达		快	强	<1 200m	阳性	喜温暖	耐旱	耐瘠薄	5.5~8.0	++	++	++	++
40	车桑子 Dodonaea vis-cosa	灌木	常绿阔叶	深根性、根系发达		快	强	<2 000m	阳性	喜温暖	耐旱	耐瘠薄	5.0~7.0				++
41	葛藤 Pueraria lobata	藤本	落叶阔叶	块根肥厚、根深达1m		快	强	<1 500m	阳性	喜温暖、耐寒	喜湿、耐旱	喜肥沃、耐瘠薄	4.5~7.0	++	++	++	++
42	爬山虎 Parthenocissus tricuspidata	藤本	落叶阔叶		耐修剪	快	强	<1 800m	中偏阳	不怕强光、耐寒	喜湿、耐旱	喜疏松肥沃土、耐瘠薄	5.5~8.0	++	++	++	++
43	金银花 Lonicera japon-ica	藤本	落叶或半常绿阔叶	根系稠密、分蘖力强		快	强	<1 500m	中偏阳	耐阴、耐寒性强	耐干旱又耐水湿	要求不严，以深厚、湿润、肥沃的沙质壤土最好	5.5~8.0	++	++	++	
44	剑麻 Yucca gloriosa	草本	常绿呈剑形、硬而狭长	须根系发达		快	强	<1 600m	强阳性、耐阴	喜高温、耐寒	耐干旱又耐湿	喜排水良好的微碱性土壤、肥沃耐瘠薄	6.0~8.0				++
45	芭茅 Miscanthus flo-ridulus	草本	长披针形	根系发达、散布		快	强	<1 600m	阳性	喜温暖	喜水湿、耐旱	喜潮湿沙土	5.0~7.5	++	++	++	++

表注："++"适宜，"+"表示较适宜。

（3）培育主要目的方面。在相同条件下，培育目的不同，造林密度应有所区别。通常以生态效益为主要目的，则造林密度适度偏大，以便尽早发挥植被的生态功能。而以经济效益为主要目的，则造林密度适度偏小，以利于林木生长，尽可能发挥其经济效益。

综合分析，由于岩溶区石漠化土地属退化土地，立地条件比非石漠化土地差，植被恢复的根本目的是增加区域森林植被，改善自然生态环境，提高防灾减灾能力，因此，造林密度应比非石漠化土地适度偏大，以尽早郁闭成林。

4.2.4　整地方式

由于岩溶区石漠化土地立地条件的特殊性，整地方式应以穴状为主，禁止全面整地，以减少对原生植被的破坏和水土流失。整地时注意：

（1）造林地严禁炼山，以保护好原生植被；

（2）因岩溶区水土流失严重，夏季多暴雨，因此严禁在夏季整地；

（3）岩溶区土壤相对稀缺，应将表土和生土分别堆放，并捡出土中石块，便于利用；

（4）应尽可能地保留原生植被，特别是有培育前途的乔木树种；

（5）自然式配置栽植穴。由于石漠化土地基岩裸露度大，有的区域栽植穴不可能像非石漠化土地那样按标准的株行距整齐划一配置，而应根据现地情况"见缝插绿"自然式配置栽植穴。

4.2.5　造林方式

根据树种的特性差异，采取不同的造林方式。杉木、柳杉、马尾松、柏木等绝大多数乔木树种，采用植苗造林。这种方式能显著地提高造林成活率，林木生长快，郁闭早，根系生长迅速，固土能力强，发挥生态效益快。竹类、草本植物多采用分殖造林，如慈竹、麻竹、芭茅等。马桑、黄荆、栎类、紫穗槐等多采用直播造林。对整地困难，植苗造林难以实施的地块，通常小穴整地，直播马尾松、栎类等。

植苗造林：栽前炼苗（容器苗和裸根苗），随起随栽，宜选择阴雨天或阴天进行栽植。容器苗栽植时将容器去除或撕破容器底部包裹物后植入穴中，苗干竖直，深浅适当；先回填表土，再回填心土；分层填土、扶正、压实，浇足定根水，最后覆上疏松的土壤；覆土面高于容器表面1~2cm。裸根苗栽植要求苗正根伸，适当深栽，细土壅根，不窝根，先回填表土，再回填心土，分层填土、扶正、压实，浇足定根水。土要打细，踩紧踏实，填土稍高过根茎原覆土位置1cm左右为宜。覆土最好成树盘状，以利于蓄积雨水。

分蔸造林：竹类一般在"休眠"结束，形成笋苞时栽植。栽植时先用表土填穴底，并施足底肥，充分混合后，顺山斜栽母竹，做到竹根舒展，马耳形切口向上，覆土踏实，然后浇足定根水，再盖一层细土，并在穴边做一集水圈，以便蓄积雨水。不宜深栽，但要踏实，覆土以超过竹蔸原来入土深度3cm左右为宜。

直播造林：直播有点播和撒播两种方式。点播采用小锄挖穴，一般穴深3~4cm，随挖随点，覆盖细土1~2cm。点播要求不重不漏，点播穴要杜绝用块状泥土覆盖。点播时应砍去穴周围的灌（草）丛，亮出窝，以利种子出土发芽生长。撒播则是对实施撒播的地块或点播地块内局部无法实施人工点播的部分，按设计用种量将种子均匀撒播在造林地内。

4.2.6 幼林抚育管理

幼林抚育管理可促进林木生长，使林分尽快郁闭成林或提高植被盖度，是植被恢复重要的技术措施。

（1）穴内松土除草：岩溶区石漠化土地植被恢复的目的是增加植被盖度，为了不影响林下植被发育，又能促进林木生长。松土除草要适时，一般春季造林当年开始抚育，秋季造林第2年开始抚育。幼林一般要连续抚育3年，第1年1次、第2~3年根据实际情况抚育1~2次，未郁闭的第4年继续抚育1次。在进行幼林抚育时只对严重影响幼树生长的灌木、草本进行刀抚。松土时注意培土，修筑集水圈、树盘或鱼鳞坑，以增加保蓄水土能力。

（2）扶苗、正苗：灌木、草本一般不松土，多采用扶苗、正苗促进其生长。因为石漠化土地立地条件都较差，植物难生长，灌、草根系分布不深，松土除草反而会损伤灌、草根系，影响灌、草生长和水土保持能力。

（3）水肥管理：岩溶区石漠化土地保肥保水能力和土壤本身的肥力水平都较低，对经济林木采取严格的水肥管理措施，确保植被恢复成效并取得效益有着重要的意义。如遇干旱时，根据造林地土壤墒情，适时浇水灌溉，保持栽植穴土壤湿度。如果造林地离水源较远或没有水资源，可以使用表面活化剂或保水剂，使土壤得到充分的湿润。石漠化土地土壤养分均较缺乏，施足基肥，合理追肥，及时补充树木需要的各种营养元素，有条件的地方可采用配方施肥方式，有针对性地提高和补充土壤肥力，保障树木养分供给。

（4）修枝整形：对桃、李、花椒等经济树，进行适当修枝整形，可提前挂果，增加产量，提高效益。

（5）补植、补播：造林后连续3年进行成活率检查，对成活率在85%以下的造林地块应按设计密度进行补植、补播，保证造林成效。

（6）平茬、间苗定株：为促进灌木生长，萌发更多枝条，增加覆盖率，应适时对灌木进行平茬。直播造林地出苗较多时，为避免过度竞争，须适时间苗定株，除弱扶壮，保证合理密度。

（7）加强封山育林（灌、草）：岩溶区石漠化土地植物资源贫乏，生物多样性指数低，人畜活动频繁，对原生植被造成严重的破坏，也严重影响植被恢复的成效。因此，植被恢复区应实行严格的封山育林（灌、草），严禁在封山区内放牧、打柴、开垦、采石等，以提高植被盖度和保土、持水能力。

4.3 植被恢复模型典型设计

4.3.1 典型设计内容

植被恢复模型典型设计，即造林类型设计。是将相似的造林技术措施加以归并，使得同一造林类型的造林技术措施基本一致，不同造林类型之间则有较大差异，其措施具有典型性和代表性，在石漠化土地植被恢复中具有广泛的用途。因此，根据岩溶区石漠化土地不同立地条件的差异和选择的适生树（草）种，将适宜的造林地特征、适宜的立地类型、树（草）种及配置、造林技术、幼林抚育等一系列技术措施，集合编制成不同的表格并配以相应的图式，为石漠化土地植被恢复提供具有可操作性的技术措施集合。

每一个植被恢复模型典型设计都是一套系统的造林技术措施，以图文并茂的方式将不同的造林地条件所适宜的树种及配置、整地、造林、幼林抚育等完整地表达出来。

植被恢复模型典型设计包括以下主要内容：

（1）模型名称及典型设计号：模型以主要树（草）命名，如马尾松纯林、柏木楷木混交林、香椿纯林等。设计号用两位阿拉伯数字表示，如 01 表示第 1 个植被恢复模型；

（2）造林地特征：包括地貌（丘陵、低山、中山等）、部位、坡度、土壤、土层厚度、基岩裸露度、石漠化程度、造林地地类等。

（3）适宜的立地类型号：按立地分类系统的编号填写。

（4）树种及配置：用表格形式将造林树种、混交方式及比例、种植点配置、造林方式、株行距、造林密度及种苗质量、规格等反映出来。

（5）造林技术措施：用简要文字说明整地方式、造林方法（含技术要求）与时间、幼林抚育（方法、时间、次数）等造林技术措施。

（6）培育目标：用简要的文字说明实施造林后可能达到的植被或生产力水平。

（7）其他：列出必要的备用树种或其他需要说明的事项。

（8）配置图式：用不同符号将上述树种及配置措施绘制在一张示意图上，包括种植配置平面示意图、种植配置整地样式图、种植配置透视示意图。

在对岩溶区石漠化土地立地分类、树（草）选择的基础上，归纳总结各树（草）种在不同立地条件下的营造技术，特别是适宜于岩溶区石漠化土地的技术措施和方法，对岩溶区石漠化土地的植被恢复模型进行了典型设计。共设计了 61 个典型模型，其中，乔木林模型 37 个、竹类 6 个、灌木林 11 个、藤本 4 个、草本 3 个。按设计的树种组成分，纯林 50 个、混交林 11 个。按利用方向分，生态林 45 个、经济林 16 个。具体模型典型设计详见：植被恢复模型典型设计汇总。

4.3.2 应用说明

（1）编制植被恢复模型检索表

为方便模型典型设计的使用，按照典型设计顺序编制植被恢复模型检索表，包括：序号、植被恢复模型名称、设计号、造林地特征、适宜立地类型代号、页码。详见本书附表：植被恢复模型设计检索表。

（2）检索表的使用

①造林地条件调查。详细调查植被恢复地块的地貌、小地形、土壤类型、土层厚度、基岩裸露度等立地特征。

②查立地类型号。按造林地条件，在立地分类系统表中查出对应的立地类型号；

③查植被恢复模型典型设计。根据土壤类型、土层厚度、基岩裸露度等查出对应的适宜的立地类型号，在相应栏目内找到植被恢复模型典型设计的页码。据此，查阅植被恢复模型典型设计即可。

（3）应用范围

（1）石漠化综合治理年度实施方案、初步设计、作业设计等。根据植被恢复造林地块立地条件，对照典型设计检索表，逐项检索，找到与之相适宜的造林典型设计，将其造林技术措施具体落实到地块即可。

（2）为其他生态脆弱区植被恢复与重建和生态综合治理提供借鉴。岩溶区石漠化土地的最大特点是岩石裸露、土层瘠薄、保肥保水能力差，生态环境脆弱，本研究的相关应用技术也可为废弃工矿用地、裸岩砾石地等生态脆弱区植被恢复与重建、生态综合治理提供参考借鉴。

植被恢复模型典型设计汇总

马尾松纯林模型典型设计

一、典型设计号：01。

二、适宜立地类型（代号）：Ⅰ-01-01、Ⅱ-01-01、Ⅱ-04-01、Ⅱ-07-01、Ⅲ-01
-01、Ⅲ-03-01、Ⅲ-05-01。

三、造林地特征：低山、丘陵区，海拔 1 000m 以下，坡度≤35°；黄壤，土层厚
≥40cm；基岩裸露度<50%，轻度、中度石漠化土地；地类为宜林地、坡耕地。

四、树种及配置如下表所示：

造林树种	混交		栽植穴配置方式	株行距（m）	栽植密度（株/hm²）	造林方式	苗木类别及规格			
	方式	比例					类别	苗龄（年）	地径（cm）>	苗高（cm）>
马尾松	纯林		品字形	1.5×2	3 333	植苗造林	容器苗	1~0	0.2	12

五、造林技术：

（1）整地：穴状整地，规格 40×40×30cm，表土和生土分别堆放，捡出土中石块。
严格保护好整地穴周围地块上原有的植被，以减少水土流失。

（2）栽植：春、秋季植苗造林。随起随栽。将苗木容器去除或撕破容器底部包裹物
后植入穴中，苗干竖直，深浅适当，先回填表土，再回填心土，分层填土、扶正、压
实，浇足定根水，最后覆上疏松的土壤。覆土面高于容器表面 1~2cm，成树盘状。

（3）幼林抚育：连续抚育 3 年，每年 1 次，秋季（8~9 月）进行，穴内松土，正
苗，培土，修筑树盘或鱼鳞坑。对严重影响幼树生长的灌木、草本进行刀抚。及时补
植、封山管护。

六、培育目标：培育乔、灌、草复层林，郁闭度达 0.6 以上，石漠化土地转化为潜
在石漠化土地或非石漠化土地，水土流失轻度以下。

七、配置模式如下图所示：

典型设计号：01

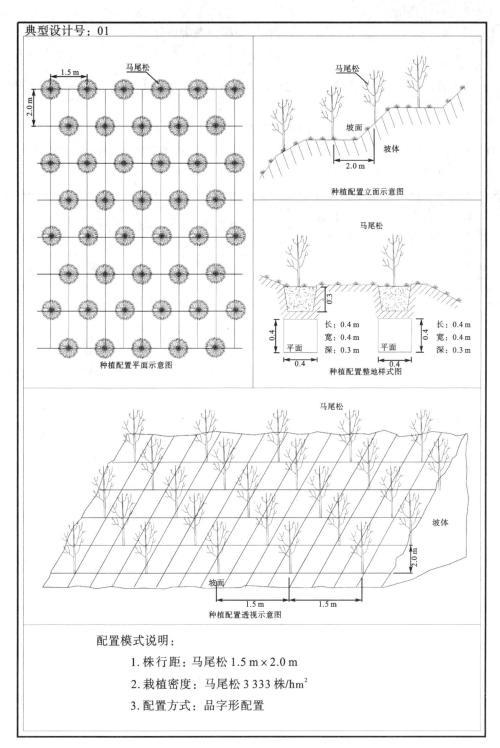

种植配置平面示意图

种植配置立面示意图

种植配置整地样式图

种植配置透视示意图

配置模式说明：

1. 株行距：马尾松 1.5 m × 2.0 m

2. 栽植密度：马尾松 3 333 株/hm²

3. 配置方式：品字形配置

马尾松纯林模型配置模式图

马尾松、紫穗槐混交模型典型设计

一、典型设计号：02。

二、适宜立地类型（代号）：Ⅰ-01-02、Ⅱ-01-02、Ⅱ-04-02、Ⅱ-07-02、Ⅲ-01-02、Ⅲ-03-02、Ⅲ-05-02。

三、造林地特征：低山、丘陵区，海拔1 000m以下，坡度≤35°；黄壤，土层厚20~39cm；基岩裸露度<50%，轻度、中度石漠化土地；地类主要为宜林地、坡耕地。

四、树种及配置如下表所示：

造林树种	混交		栽植穴配置方式	株行距（m）	栽植密度（株/hm²）	造林方式	苗木类别及规格			
	方式	比例					类别	苗龄（年）	地径（cm）>	苗高（cm）>
马尾松	行间混交	1	品字形	2×2	2 500	植苗造林	容器苗	1~0	0.2	12
紫穗槐		1	品字形	2×2	2 500	直播造林				

五、造林技术：

（1）整地：秋、冬季穴状整地，马尾松规格40×40×30cm，紫穗槐规格20×20×20cm。表土和生土分别堆放，捡出土中石块。严格保护好整地穴周围地块上原有的植被，以减少水土流失。

（2）栽植：春季植苗造林，随起随栽。栽植马尾松时将苗木容器去除或撕破容器底部包裹物后植入穴中，苗干竖直，深浅适当，侧方填细土、分层填土、扶正、压实，覆土面高于容器表面1~2cm。紫穗槐直播造林，每穴10~15粒，覆1~2cm细土。

（3）幼林抚育：连续抚育3年，每年1次。马尾松秋季（8~9月）穴内松土，正苗培土，修筑鱼鳞坑或树盘。紫穗槐第1年扶苗、正苗，第2年间苗、定株，每穴保留5~8株。第3年起每年冬季平茬。对严重影响幼树生长的灌木、草本进行刀抚。及时补植、补播，封育林下灌草。

六、培育目标：培育乔、灌、草复层林，郁闭度达0.6以上，石漠化土地转化为潜在石漠化土地或非石漠化土地，水土流失轻度以下。

七、配置模式如下图所示：

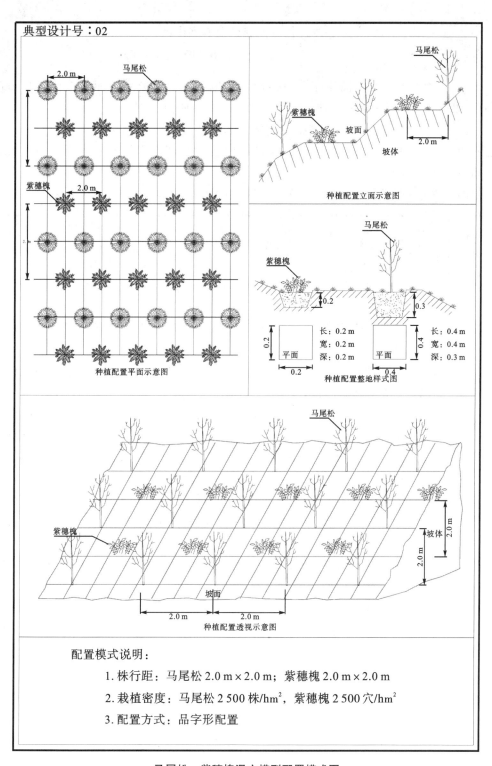

种植配置平面示意图

种植配置立面示意图

种植配置整地样式图

种植配置透视示意图

配置模式说明：

1. 株行距：马尾松 2.0 m×2.0 m；紫穗槐 2.0 m×2.0 m

2. 栽植密度：马尾松 2 500 株/hm²，紫穗槐 2 500 穴/hm²

3. 配置方式：品字形配置

马尾松、紫穗槐混交模型配置模式图

柏木、桤木混交模型典型设计

一、典型设计号：03。

二、适宜立地类型（代号）：Ⅰ-02-01、Ⅱ-02-01、Ⅱ-03-01、Ⅱ-05-01、Ⅱ-06-01、Ⅱ-08-01、Ⅱ-09-01、Ⅲ-02-01、Ⅲ-04-01、Ⅲ-06-01。

三、造林地特征：低山、丘陵区，海拔 1 000m 以下，坡度≤35°；黄色石灰土、黑色石灰土，土层厚≥40cm；基岩裸露度<50%，轻度、中度石漠化土地；地类为宜林地、坡耕地。

四、树种及配置如下表所示：

造林树种	混交		栽植穴配置方式	株行距（m）	栽植密度（株/hm²）	造林方式	苗木类别及规格			
	方式	比例					类别	苗龄（年）	地径（cm）>	苗高（cm）>
柏木	带状混交	4	品字行	1.5×2	2 220	植苗造林	容器苗	1~0	0.2	16
桤木		2	品字行	2×2	840	植苗造林	裸根苗	1~0	0.6	60

五、造林技术：

（1）整地：穴状整地，规格 40×40×30cm，表土和生土分别堆放，捡出土中石块。严格保护好整地穴周围地块上原有的植被，以减少水土流失。

（2）栽植：秋季植苗造林。阴天随起随栽，将柏木苗容器去除或撕破容器底部包裹物后植入穴中，苗干竖直，深浅适当，侧方填细土，分层填土、扶正、压实，覆土面高于容器表面 1~2cm。桤木要求苗正根伸，适当深栽，细土壅根，分层填土、扶正、压实，填土稍高过根茎原覆土位置 1cm 左右为宜。浇足定根水。

（3）幼林抚育：连续抚育 3 年，每年春季（4~5月）进行 1 次，穴内除草、松土、培土，修筑树盘或鱼鳞坑，对严重影响幼树生长的灌木、草本进行刀抚。及时补植、封育灌草，注意病虫害防治。

六、培育目标：培育乔、灌、草复层林，郁闭度达 0.7 以上，石漠化土地转化为潜在石漠化土地或非石漠化土地，水土流失轻度以下。

七、其他：备用树种侧柏。

八、配置模式如下图所示：

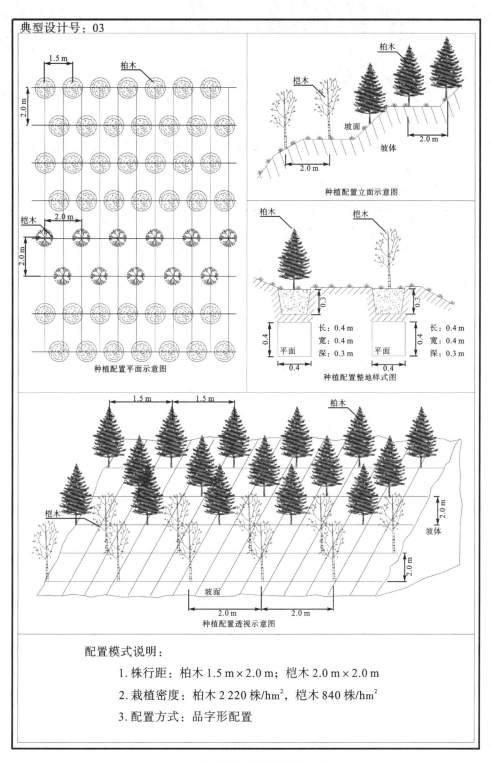

典型设计号：03

种植配置平面示意图

种植配置立面示意图

种植配置整地样式图

种植配置透视示意图

配置模式说明：

    1. 株行距：柏木 1.5 m × 2.0 m；桤木 2.0 m × 2.0 m

    2. 栽植密度：柏木 2 220 株/hm²，桤木 840 株/hm²

    3. 配置方式：品字形配置

柏木、桤木混交模型配置模式图

柏木、桤木混交模型（自然式）典型设计

一、典型设计号：04。

二、适宜立地类型（代号）：Ⅰ-02-03、Ⅱ-02-04、Ⅱ-03-04、Ⅱ-05-03、Ⅱ-06
-03、Ⅱ-08-03、Ⅱ-09-03、Ⅲ-02-04、Ⅲ-04-03、Ⅲ-06-03。

三、造林地特征：低山、丘陵区，海拔1 000m以下，坡度≤35°；黄色石灰土、黑
色石灰土，土层厚20~39cm；基岩裸露度50%~69%，中度、重度石漠化土地；地类为
宜林地、坡耕地。

四、树种及配置如下表所示：

造林树种	混交		栽植穴配置方式	株行距（m）	栽植密度（株/hm²）	造林方式	苗木类别及规格			
	方式	比例					类别	苗龄（年）	地径（cm）>	苗高（cm）>
柏木	块状混交	4	自然式		>1 110	植苗造林	容器苗	1~0	0.2	16
桤木		2			>420	植苗造林	裸根苗	1~0	0.6	60

五、造林技术：

（1）整地：穴状整地，规格40×40×30cm，表土和生土分别堆放，捡出土中石块。
严格保护好整地穴周围地块上原有的植被，以减少水土流失。

（2）栽植：秋季植苗造林。阴天随起随栽，将柏木苗容器去除或撕破容器底部包裹
物后植入穴中，苗干竖直，深浅适当，侧方填细土，分层填土、扶正、压实，覆土面高
于容器表面1~2cm。桤木要求苗正根伸，适当深栽，细土壅根，分层填土、扶正、压
实，填土稍高过根茎原覆土位置1cm左右为宜。浇足定根水。

（3）幼林抚育：连续抚育3年，每年春季（4~5月）进行1次，穴内除草、松土、
培土，修筑树盘或鱼鳞坑，对严重影响幼树生长的灌木、草本进行刀抚。及时补植，封
育林下灌草，加强病虫害防治。

六、培育目标：培育乔、灌、草复层林，郁闭度达0.5以上，石漠化土地转化为轻
度、潜在石漠化土地或非石漠化土地，水土流失轻度以下。

七、其他：备用树种侧柏。

八、配置模式如下图所示：

典型设计号：04

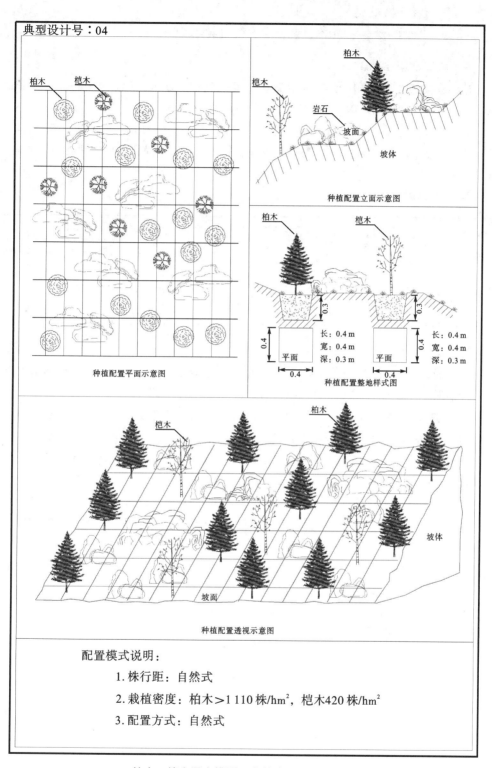

种植配置平面示意图

种植配置立面示意图

种植配置整地样式图

长：0.4 m
宽：0.4 m
深：0.3 m

长：0.4 m
宽：0.4 m
深：0.3 m

种植配置透视示意图

配置模式说明：

    1.株行距：自然式

    2.栽植密度：柏木＞1 110株/hm²，桤木420株/hm²

    3.配置方式：自然式

柏木、桤木混交模型（自然式）配置模式图

柏木、刺槐混交模型典型设计

一、典型设计号：05。

二、适宜立地类型（代号）：Ⅰ-02-01、Ⅱ-02-01、Ⅱ-03-01、Ⅱ-05-01、Ⅱ-06-01、Ⅱ-08-01、Ⅱ-09-01、Ⅲ-02-01、Ⅲ-04-01、Ⅲ-06-01。

三、造林地特征：低山、丘陵区，海拔 1 000m 以下，坡度<35°；黄色石灰土、黑色石灰土，土层厚≥40cm；基岩裸露度<50%，轻度、中度石漠化土地；地类为宜林地、坡耕地。

四、树种及配置如下表所示：

造林树种	混交		栽植穴配置方式	株行距（m）	栽植密度（株/hm²）	造林方式	苗木类别及规格			
	方式	比例					类别	苗龄（年）	地径（cm）>	苗高（cm）>
柏木	带状混交	4	品字行	1.5×2	2 220	植苗造林	容器苗	1~0	0.2	16
刺槐		2	品字行	1.5×2	1 110	植苗造林	裸根苗	1~0	0.5	58

五、造林技术：

（1）整地：冬季穴状整地，规格 40×40×30cm，表土和生土分别堆放，捡出土中石块。严格保护好整地穴周围地块上原有的植被，以减少水土流失。

（2）栽植：春季植苗造林。阴天随起随栽，将柏木苗容器去除或撕破容器底部包裹物后植入穴中，苗干竖直，深浅适当，侧方填细土，分层填土、扶正、压实，覆土面高于容器表面 1~2cm。刺槐要求苗正根伸，适当深栽，细土壅根，分层填土、扶正、压实，填土稍高过根茎原覆土位置 1cm 左右为宜。浇足定根水。

（3）幼林抚育：连续抚育 3 年，第 1 年 8~9 月 1 次，第 2、3 年每年 4~5 月、8~9 月各进行 1 次，穴内除草、松土、正苗、培土，修筑树盘或鱼鳞坑；对严重影响幼树生长的灌木、草本进行刀抚。及时补植，加强病虫害防治，封育林下灌草。

六、培育目标：培育乔、灌、草复层林，郁闭度达 0.7 以上，石漠化土地转化为潜在石漠化土地或非石漠化土地，水土流失轻度以下。

七、其他：备用树种侧柏。

八、配置模式如下图所示：

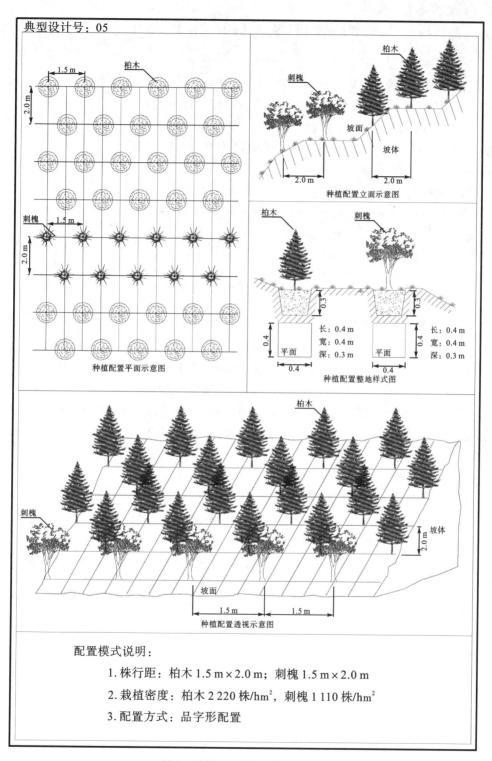

典型设计号：05

种植配置平面示意图

种植配置立面示意图

种植配置整地样式图

种植配置透视示意图

配置模式说明：

　　1.株行距：柏木 1.5 m×2.0 m；刺槐 1.5 m×2.0 m

　　2.栽植密度：柏木 2 220 株/hm²，刺槐 1 110 株/hm²

　　3.配置方式：品字形配置

柏木、刺槐混交模型配置模式图

柏木、刺槐混交模型（自然式）典型设计

一、典型设计号：06。

二、适宜立地类型（代号）：Ⅰ-02-03、Ⅱ-02-04、Ⅱ-03-04、Ⅱ-05-03、Ⅱ-06-03、Ⅱ-08-03、Ⅱ-09-03、Ⅲ-02-04、Ⅲ-04-03、Ⅲ-06-03。

三、造林地特征：低山、丘陵区，海拔 1 000m 以下，坡度<35°；黄色石灰土、黑色石灰土，土层厚 20~39cm；基岩裸露度 50%~69%，中度、重度石漠化土地；地类为宜林地、坡耕地。

四、树种及配置如下表所示：

造林树种	混交		栽植穴配置方式	株行距（m）	栽植密度（株/hm²）	造林方式	苗木类别及规格			
	方式	比例					类别	苗龄（年）	地径(cm)>	苗高(cm)>
柏木	块状混交	4	自然式		>1 110	植苗造林	容器苗	1~0	0.2	16
刺槐		2			>555	植苗造林	裸根苗	1~0	0.5	58

五、造林技术：

（1）整地：冬季穴状整地，规格 40×40×30cm，表土和生土分别堆放，捡出土中石块。严格保护好整地穴周围地块上原有的植被，以减少水土流失。

（2）栽植：春季植苗造林。阴天随起随栽，将柏木苗容器去除或撕破容器底部包裹物后植入穴中，苗干竖直，深浅适当，侧方填细土，分层填土、扶正、压实，覆土面高于容器表面 1~2cm。刺槐要求苗正根伸，适当深栽，细土壅根，分层填土、扶正、压实，填土稍高过根茎原覆土位置 1cm 左右为宜。浇足定根水。

（3）幼林抚育：连续抚育 3 年，第 1 年 8~9 月 1 次，第 2、3 年每年 4~5 月、8~9 月各 1 次，穴内除草、松土、正苗、培土，对严重影响幼树生长的灌木、草本进行刀抚。及时补植，封育林下灌草，加强病虫害防治。

六、培育目标：培育乔、灌、草复层林，郁闭度达 0.5 以上，中度石漠化土地转化为轻度石漠化土地、潜在石漠化土地或非石漠化土地，水土流失轻度以下。

七、其他：备用树种侧柏。

八、配置模式如下图所示：

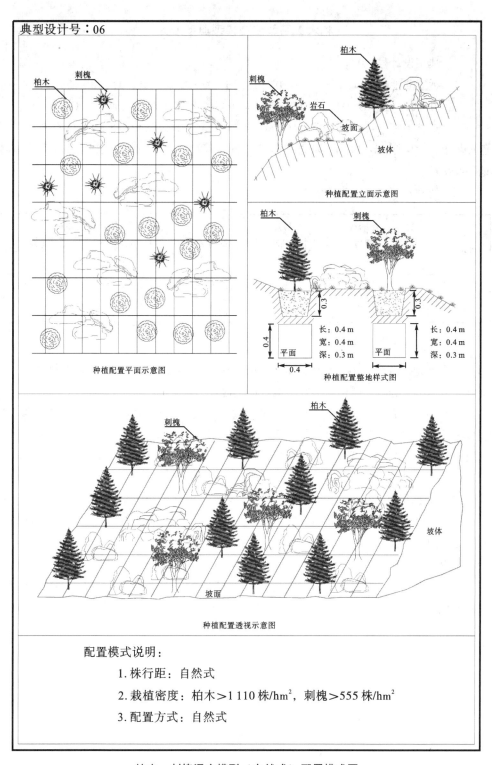

种植配置平面示意图

种植配置立面示意图

种植配置整地样式图

种植配置透视示意图

配置模式说明：

　　1. 株行距：自然式

　　2. 栽植密度：柏木＞1 110 株/hm²，刺槐＞555 株/hm²

　　3. 配置方式：自然式

柏木、刺槐混交模型（自然式）配置模式图

柏木、马桑混交模型典型设计

一、典型设计号：07。

二、适宜立地类型（代号）：Ⅰ-02-02、Ⅱ-02-02、Ⅱ-03-02、Ⅱ-05-02、Ⅱ-06-02、Ⅱ-08-02、Ⅱ-09-02、Ⅲ-02-02、Ⅲ-03-02、Ⅲ-04-02、Ⅲ-06-02。

三、造林地特征：低山、丘陵区，海拔 1 000m 以下，坡度<35°；黄色石灰土、黑色石灰土，土层厚 20~39cm；基岩裸露度<50%，轻度、中度石漠化土地；地类为宜林地、坡耕地。

四、树种及配置如下表所示：

造林树种	混交		栽植穴配置方式	株行距（m）	栽植密度（株、穴/hm²）	造林方式	苗木类别及规格			
	方式	比例					类别	苗龄（年）	地径（cm）>	苗高（cm）>
柏木	行间混交	1	矩形	1.0×2	5 000	植苗造林	容器苗	1~0	0.2	16
马桑		1	矩形	1.0×2	5 000	直播造林				

五、造林技术：

（1）整地：穴状整地，规格柏木 40×40×25cm，马桑 20×20×20cm，表土和生土分别堆放，捡出土中砾石。严格保护好整地穴周围地块上原有的植被，以减少水土流失。

（2）栽植：秋季造林，柏木植苗造林，随起随栽，将苗木容器去除或撕破容器底部包裹物后植入穴中，苗干竖直，深浅适当，侧方填细土，分层填土、扶正、压实、浇足定根水。覆土面高于容器表面 1~2cm。马桑秋季直播造林，每穴 600~800 粒，覆盖山草。

（3）幼林抚育：柏木连续抚育 4 年，每年 4~5 月、8~9 月各 1 次，穴内除草、松土、正苗、培土，修筑树盘或鱼鳞坑；对严重影响幼树生长的灌木、草本进行刀抚。马桑第 2 年间苗定株，每穴保留 2~4 株。第 3 年起每年冬季壅蔸、平茬。加强病虫害防治，封育林下灌草。

六、培育目标：培育乔、灌、草复层林，郁闭度达 0.7 以上，石漠化土地转化为潜在石漠化土地或非石漠化土地，水土流失轻度以下。

七、配置模式如下图所示：

典型设计号：07

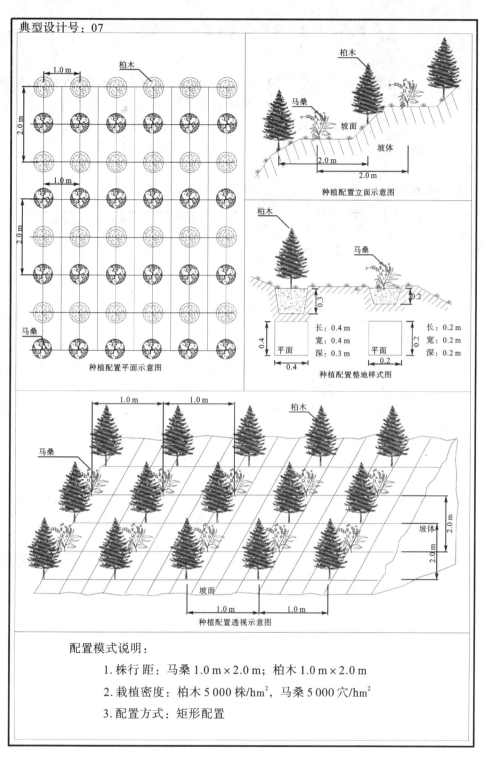

种植配置平面示意图

种植配置立面示意图

种植配置整地样式图

种植配置透视示意图

配置模式说明：

    1. 株行距：马桑 1.0 m×2.0 m；柏木 1.0 m×2.0 m

    2. 栽植密度：柏木 5 000 株/hm²，马桑 5 000 穴/hm²

    3. 配置方式：矩形配置

柏木、马桑混交模型配置模式图

柏木、马桑混交模型（自然式）典型设计

一、典型设计号：08。

二、适宜立地类型（代号）：Ⅰ-02-03、Ⅱ-02-04、Ⅱ-03-04、Ⅱ-05-03、Ⅱ-06-03、Ⅱ-08-03、Ⅱ-09-03、Ⅲ-02-04、Ⅲ-04-03、Ⅲ-06-03。

三、造林地特征：低山、丘陵区，海拔1 000m以下，坡度<35°；黄色石灰土、黑色石灰土，土层厚20~39cm；基岩裸露度60%~69%，中度、重度石漠化土地；地类为宜林地、坡耕地。

四、树种及配置如下表所示：

造林树种	混交		栽植穴配置方式	株行距（m）	栽（种）植密度（株、穴/hm²）	造林方式	苗木类别及规格			
	方式	比例					类别	苗龄（年）	地径（cm）>	苗高（cm）>
柏木	块状混交	1	自然式		>2 500	植苗造林	容器苗	1~0	0.2	16
马桑		1			>2 500	直播造林				

五、造林技术：

（1）整地：穴状整地，规格柏木40×40×30cm，马桑20×20×20cm，表土和生土分别堆放，捡出土中石块。严格保护好整地穴周围地块上原有的植被，以减少水土流失。

（2）栽植：秋季造林，柏木植苗造林，随起随栽，将苗木容器去除或撕破容器底部包裹物后植入穴中，苗干竖直，深浅适当，侧方填细土，分层填土、扶正、压实，浇足定根水。覆土面高于容器表面1~2cm。马桑直播造林，每穴600~800粒，覆盖山草。

（3）幼林抚育：柏木连续抚育4年，每年4~5月、8~9月各1次，穴内除草、松土、正苗、培土，修筑树盘或鱼鳞坑；对严重影响幼树生长的灌木、草本进行刀抚。马桑第2年间苗定株，每穴保留2~4株。第3年起每年冬季壅蔸、平茬。加强病虫害防治，封育林下灌草。

六、培育目标：培育乔、灌、草复层林，郁闭度达0.5以上，石漠化土地转化为潜在石漠化土地或非石漠化土地，水土流失轻度以下。

七、配置模式如下图所示：

典型设计号：08

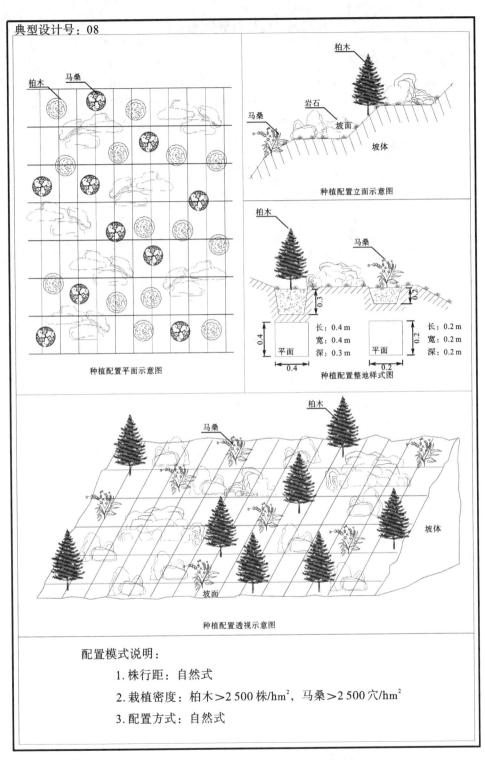

种植配置立面示意图

种植配置平面示意图

种植配置整地样式图

长：0.4 m
宽：0.4 m
深：0.3 m

长：0.2 m
宽：0.2 m
深：0.2 m

种植配置透视示意图

配置模式说明：
　　1. 株行距：自然式
　　2. 栽植密度：柏木＞2 500 株/hm²，马桑＞2 500 穴/hm²
　　3. 配置方式：自然式

柏木、马桑混交模型（自然式）配置模式图

云南松纯林模型典型设计

一、典型设计号：09。

二、适宜立地类型（代号）：Ⅳ-01-01、Ⅳ-04-01、Ⅳ-07-01。

三、造林地特征：中山区，海拔1 000~2 600m，坡度≤35°；黄壤，土层厚≥40cm；基岩裸露度<50%，轻度、中度石漠化土地；地类为宜林地、坡耕地。

四、树种及配置如下表所示：

| 造林树种 | 混交 | | 栽植穴配置方式 | 株行距（m） | 栽植密度（株/hm²） | 造林方式 | 苗木类别及规格 | | | |
	方式	比例					类别	苗龄（年）	地径（cm）>	苗高（cm）>
云南松	纯林		品字形	2×2	2 500	植苗造林	容器苗	1~0	0.2	9

五、造林技术：

（1）整地：穴状整地，规格40×40×30cm，表土和生土分别堆放，捡出土中石块。

（2）栽植：春、秋季植苗造林。随起随栽，将云南松苗木容器去除或撕破容器底部包裹物后植入穴中，苗干竖直，深浅适当，先回填表土，再回填心土，分层填土、扶正、压实，浇足定根水，最后覆上疏松的土壤，覆土面高于容器表面1~2cm。

（3）幼林抚育：连续抚育3年，每年1次，秋季（8~9月）进行，穴内除草、松土，正苗、培土，修筑树盘或鱼鳞坑；对严重影响幼树生长的灌木、草本进行刀抚。及时补植，封育林下灌草，加强病虫害防治。

六、培育目标：培育乔、灌、草复层林，郁闭度达0.7以上，石漠化土地转化为潜在石漠化土地或非石漠化土地，水土流失轻度以下。

七、配置模式如下图所示：

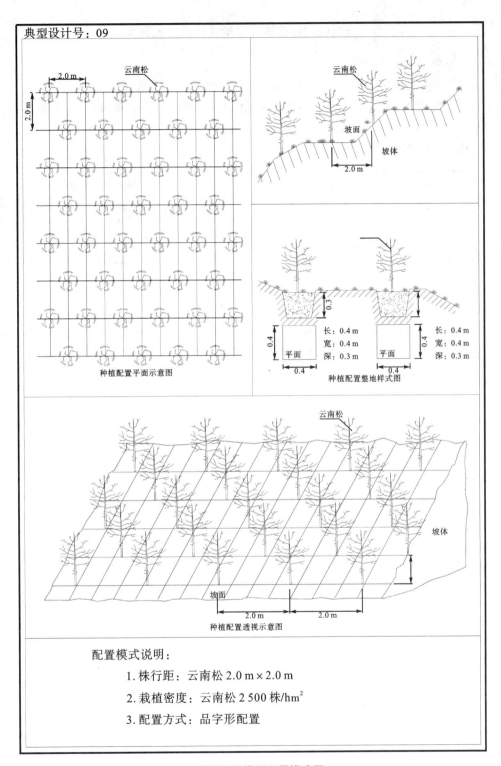

配置模式说明：

1. 株行距：云南松 2.0 m×2.0 m

2. 栽植密度：云南松 2 500 株/hm²

3. 配置方式：品字形配置

云南松纯林模型配置模式图

云南松纯林模型（自然式）典型设计

一、典型设计号：10。

二、适宜立地类型（代号）：Ⅳ-01-03、Ⅳ-01-04、Ⅳ-04-03。

三、造林地特征：中山区，海拔 1 000~2 600m，坡度≤35°；黄壤，土层厚≥30cm；基岩裸露度 50%~69%，中度、重度石漠化土地；地类为宜林地、坡耕地。

四、树种及配置如下表所示：

造林树种	混交		栽植穴配置方式	株行距（m）	栽植密度（株/hm²）	造林方式	苗木类别及规格			
	方式	比例					类别	苗龄（年）	地径(cm)>	苗高(cm)>
云南松	纯林		自然式		>1 250	植苗造林	容器苗	1~0	0.2	9

五、造林技术：

（1）整地：穴状整地，规格 40×40×30cm，表土和生土分别堆放，捡出土中石块。

（2）栽植：春、秋季植苗造林。随起随栽，将云南松苗木容器去除或撕破容器底部包裹物后植入穴中，苗干竖直，深浅适当，先回填表土，再回填心土，分层填土、扶正、压实，浇足定根水，最后覆上疏松的土壤，覆土面高于容器表面 1~2cm。

（3）幼林抚育：连续抚育 3 年，每年 1 次，秋季（8~9 月）进行，穴内除草、松土，正苗、培土，修筑树盘或鱼鳞坑；对严重影响幼树生长的灌木、草本进行刀抚。及时补植，封育林下灌草。

六、培育目标：培育乔、灌、草复层林，郁闭度达 0.5 以上，石漠化土地转化为潜在石漠化土地或非石漠化土地，水土流失中度以下。

七、配置模式如下图所示：

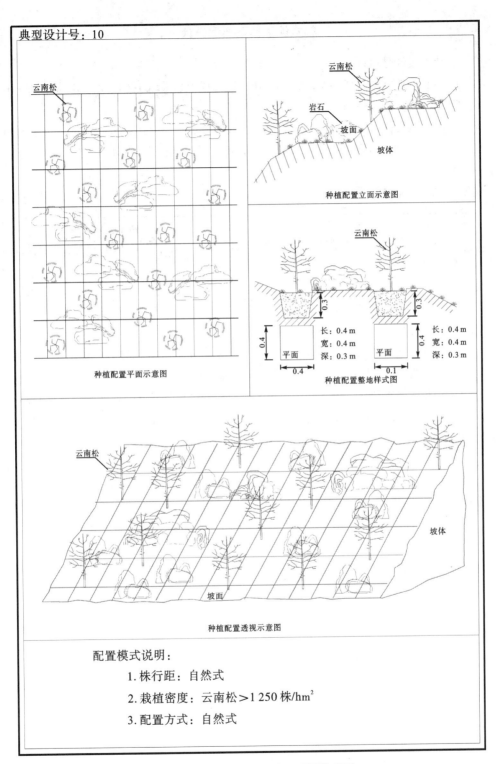

种植配置平面示意图

种植配置立面示意图

种植配置整地样式图

长：0.4 m
宽：0.4 m
深：0.3 m

长：0.4 m
宽：0.4 m
深：0.3 m

种植配置透视示意图

配置模式说明：
1. 株行距：自然式
2. 栽植密度：云南松 > 1 250 株/hm²
3. 配置方式：自然式

云南松纯林模型（自然式）配置模式图

杉木纯林模型典型设计

一、典型设计号：11。

二、适宜立地类型（代号）：Ⅰ-01-01、Ⅱ-01-01、Ⅱ-04-01、Ⅱ-07-01、Ⅲ-01-01、Ⅲ-03-01、Ⅲ-05-01。

三、造林地特征：低山、丘陵区，海拔1 400m以下，坡度≤35°；黄壤，土层厚≥40cm；基岩裸露度（或砾石含量）<50%，中度以下石漠化土地；地类主要为宜林地、坡耕地。

四、树种及配置如下表所示：

造林树种	混交		栽植穴配置方式	株行距（m）	栽植密度（株/hm²）	造林方式	苗木类别及规格			
	方式	比例					类别	苗龄（年）	地径(cm)>	苗高(cm)>
杉木	纯林		品字形	1.5×2	3 333	植苗造林	容器苗	1~0	0.3	16

五、造林技术：

（1）整地：穴状整地，规格40×40×30cm，表土和生土分别堆放，捡出土中石块。严格保护好整地穴周围地块上原有的植被，以减少水土流失。

（2）栽植：春季造林，随起随栽。将云南松苗容器去除或撕破容器底部包裹物后植入穴中，苗干竖直，深浅适当，先回填表土，再回填心土，分层踩实，浇足定根水，最后覆上疏松的土壤。覆土面高于容器表面1~2cm。

（3）幼林抚育：连续抚育3年，第1年抚育2次，4~6月、8~9月各进行1次穴内松土、除草。第2、3年每年进行1~2次穴内松土、除草，对严重影响幼树生长的灌木、草本进行刀抚。加强病虫害防治，封育林下灌草。

六、培育目标：培育乔、灌、草复层林，郁闭度达0.7以上，石漠化土地转化为潜在石漠化或非石漠化土地，水土流失轻度以下。

七、其他：备用树种柳杉。

八、配置模式如下图所示：

典型设计号：11

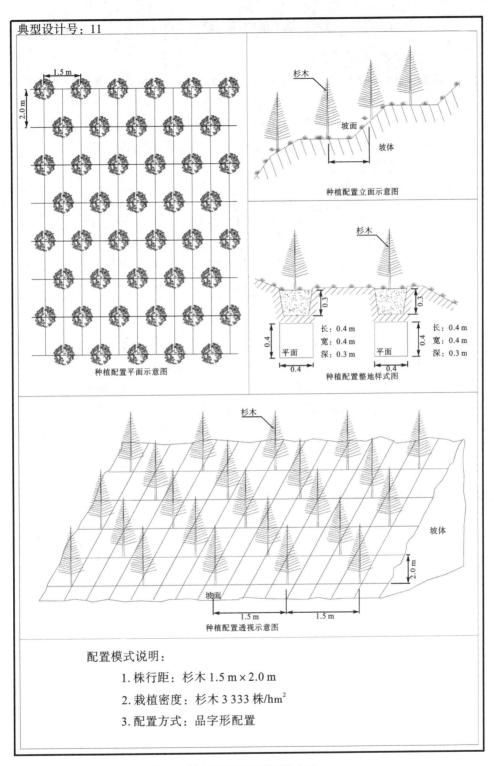

种植配置平面示意图

种植配置立面示意图

种植配置整地样式图

种植配置透视示意图

杉木纯林模型配置模式图

配置模式说明：

    1. 株行距：杉木 1.5 m×2.0 m

    2. 栽植密度：杉木 3 333 株/hm²

    3. 配置方式：品字形配置

杉木、檫木混交模型典型设计

一、典型设计号：12。

二、适宜立地类型（代号）：Ⅰ-01-01、Ⅱ-01-01、Ⅱ-04-01、Ⅱ-07-01、Ⅲ-01-01、Ⅲ-03-01、Ⅲ-05-01。

三、造林地特征：低山、丘陵区，海拔1 400m以下，坡度≤35°；黄壤，土层厚≥40cm；基岩裸露度<50%，中度以下石漠化土地；地类主要为宜林地、坡耕地。

四、树种及配置如下表所示：

造林树种	混交		栽植穴配置方式	株行距（m）	栽植密度（株/hm²）	造林方式	苗木类别及规格			
	方式	比例					类别	苗龄（年）	地径（cm）>	苗高（cm）>
杉木	带状混交	4	品字形	2×2	1 666	植苗造林	容器苗	1~0	0.3	16
檫木		2	品字形	2×2	833	植苗造林	裸根苗	1~0	0.3	20

五、造林技术：

（1）整地：穴状整地，规格40×40×30cm，表土和生土分别堆放，捡出土中石块。严格保护好整地穴周围地块上原有的植被，以减少水土流失。

（2）栽植：春季造林，随起随栽，杉木栽植时将苗木容器去除或撕破容器底部包裹物后植入穴中，苗干竖直，深浅适当，先回填表土，再回填心土，分层踩实，最后覆上疏松的土壤。覆土面高于容器表面1~2cm。檫木要求苗正根伸，适当深栽，细土壅根，分层填土、扶正、压实，填土稍高过根茎原覆土位置1cm左右为宜。浇足定根水。

（3）幼林抚育：连续抚育3年，第1年抚育2次，4~6月、8~9月各进行1次块状松土、除草。第2、3年每年进行1~2次穴内松土、除草，对严重影响幼树生长的灌木、草本进行刀抚。加强病虫害防治，封育林下灌草。

六、培育目标：培育针阔混交林，郁闭度达0.7以上，石漠化土地转化为潜在石漠化或非石漠化土地，水土流失轻度以下。

七、其他：备用树种柳杉、漆树、光皮桦。

八、配置模式如下图所示：

典型设计号：12

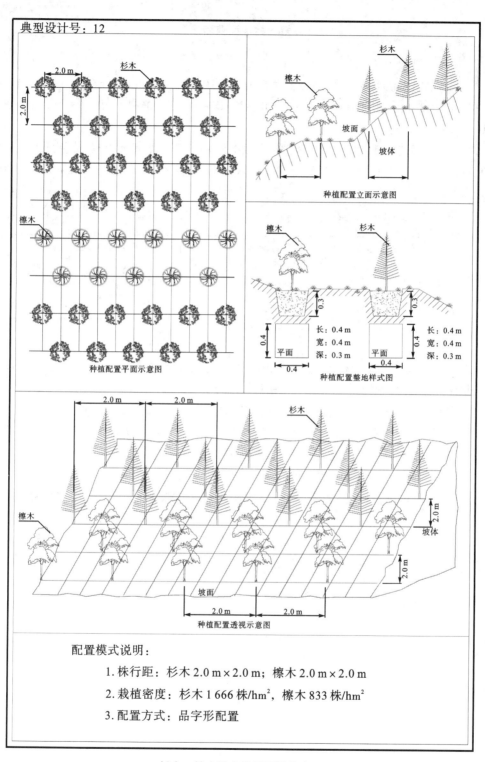

种植配置平面示意图

种植配置立面示意图

种植配置整地样式图

种植配置透视示意图

配置模式说明：
　　1. 株行距：杉木2.0 m×2.0 m；檫木2.0 m×2.0 m
　　2. 栽植密度：杉木1 666株/hm²，檫木833株/hm²
　　3. 配置方式：品字形配置

杉木、檫木混交模型配置模式图

<h1 style="text-align:center">香椿纯林模型典型设计</h1>

一、典型设计号：13。

二、适宜立地类型（代号）：Ⅰ-02-01、Ⅱ-02-01、Ⅱ-03-01、Ⅱ-05-01、Ⅱ-06-01、Ⅱ-08-01、Ⅱ-09-01、Ⅲ-02-01、Ⅲ-04-01、Ⅲ-06-01、Ⅳ-03-01、Ⅳ-06-01、Ⅳ-09-01。

三、造林地特征：低山、丘陵区，海拔1 500m以下，坡度≤35°；黄色石灰土、棕色石灰土、黑色石灰土，土层厚≥40cm；基岩裸露度<50%，轻度、中度石漠化土地；地类为宜林地、坡耕地。

四、树种及配置如下表所示：

造林树种	混交		栽植穴配置方式	株行距（m）	栽植密度（株/hm²）	造林方式	苗木类别及规格			
	方式	比例					类别	苗龄（年）	地径（cm）>	苗高（cm）>
香椿	纯林		品字形	2×2	2 500	植苗造林	裸根苗	1~0	0.8	60

五、造林技术：

（1）整地：穴状整地，规格40×40×30cm，表土和生土分别堆放，捡出土中石块。严格保护好整地穴周围地块上原有的植被，以减少水土流失。

（2）栽植：冬、春季造林，以春季造林为主，随起随栽，苗正根伸，适当深栽，分层填土、扶正、压实，浇足定根水。栽植时先回填表土，再回填心土，土要打细，踩紧踏实，填土稍高过根茎原覆土位置1cm左右为宜。

（3）幼林抚育：连续抚育3年，第1年1次，第2年2次，第3年1次，一般在4~5月、8~9月间进行，穴内除草、松土、培土，修筑鱼鳞坑或树盘；对严重影响幼树生长的灌木、草本进行刀抚。加强病虫害防治，封育林下灌草。

六、培育目标：培育乔、灌、草复层林，郁闭度达0.7以上，石漠化土地转化为潜在石漠化土地或非石漠化土地，水土流失轻度以下。

七、其他：备用树种红椿。

八、配置模式如下图所示：

典型设计号：13

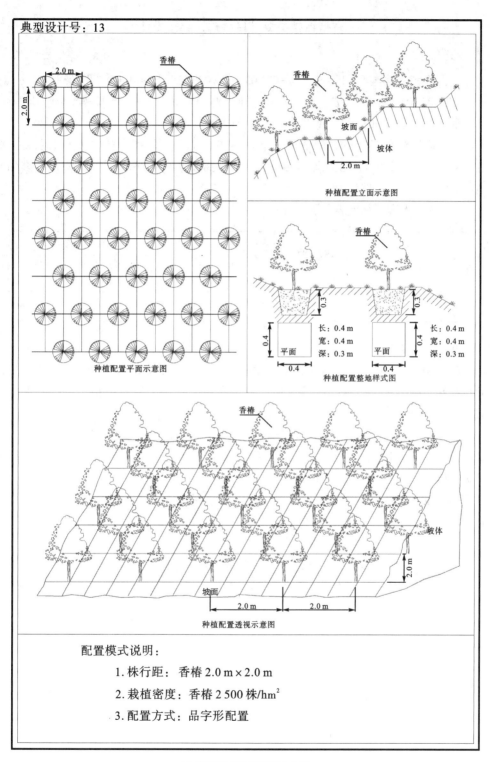

种植配置平面示意图

种植配置立面示意图

种植配置整地样式图

种植配置透视示意图

配置模式说明：

　　1.株行距：香椿 2.0 m×2.0 m

　　2.栽植密度：香椿 2 500 株/hm²

　　3.配置方式：品字形配置

香椿纯林模型配置模式图

香椿纯林模型（自然式）典型设计

一、典型设计号：14。

二、适宜立地类型（代号）：Ⅰ-02-03、Ⅱ-02-03、Ⅱ-02-04、Ⅱ-03-03、Ⅱ-03-04、Ⅱ-05-03、Ⅱ-06-03、Ⅱ-08-03、Ⅱ-09-03、Ⅲ-02-03、Ⅲ-02-04、Ⅲ-04-03、Ⅲ-06-03、Ⅳ-03-03、Ⅳ-03-04、Ⅳ-06-03。

三、造林地特征：低山、丘陵区，海拔1 500m以下，坡度≤35°；黄色石灰土、棕色石灰土、黑色石灰土，土层厚≥30cm；基岩裸露度50%~69%，中度、重度石漠化土地；地类为宜林地、坡耕地。

四、树种及配置如下表所示：

造林树种	混交		栽植穴配置方式	株行距（m）	栽植密度（株/hm²）	造林方式	苗木类别及规格			
	方式	比例					类别	苗龄（年）	地径（cm）>	苗高（cm）>
香椿	纯林		自然式		>1 250	植苗造林	裸根苗	1~0	0.8	60

五、造林技术：

（1）整地：穴状整地，规格根据实际情况确定，最大为40×40×30cm，表土和生土分别堆放，捡出土中石块。严格保护好整地穴周围地块上原有的植被，以减少水土流失。

（2）栽植：冬、春季造林，以春季造林为主，随起随栽，苗正根伸，适当深栽，分层填土、扶正、压实，浇足定根水。栽植时先回填表土，再回填心土，土要打细，踩紧踏实，填土稍高过根茎原覆土位置1cm左右为宜。

（3）幼林抚育：连续抚育3年，第1年1次，第2年2次，第3年1次，一般4~5月、8~9月间进行，穴内除草、松土、培土，对严重影响幼树生长的灌木、草本进行刀抚。加强病虫害防治，封育林下灌草。

六、培育目标：培育乔、灌、草复层林，郁闭度达0.5以上，石漠化土地转化为潜在石漠化土地或非石漠化土地，水土流失轻度以下。

七、其他：备用树种红椿。

八、配置模式如下图所示：

典型设计号：14

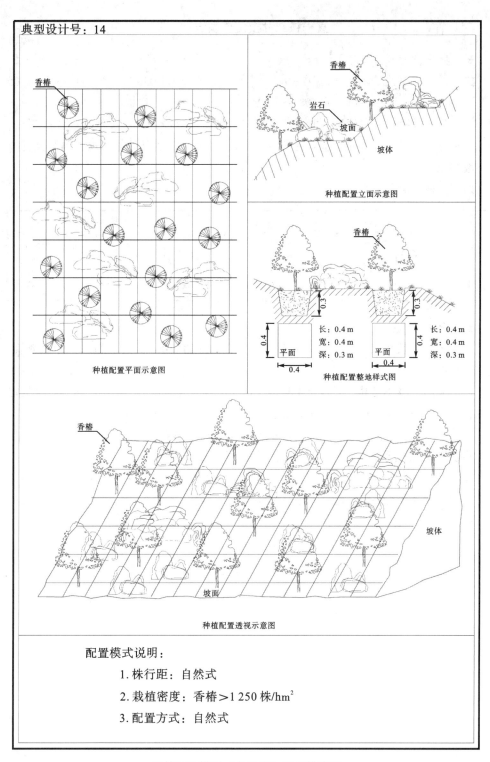

种植配置平面示意图

种植配置立面示意图

种植配置整地样式图

种植配置透视示意图

配置模式说明：

 1. 株行距：自然式

 2. 栽植密度：香椿 > 1 250 株/hm²

 3. 配置方式：自然式

香椿纯林模型（自然式）配置模式图

直干桉纯林模型典型设计

一、典型设计号：15。

二、适宜立地类型（代号）：Ⅳ-01-01、Ⅳ-02-01、Ⅳ-03-01、Ⅳ-04-01、Ⅳ-05-01、Ⅳ-06-01、Ⅳ-07-01、Ⅳ-08-01、Ⅳ-09-01。

三、造林地特征：中山区，海拔 1 200~2 000m，坡度≤35°；黄壤、红色石灰土、棕色石灰土，土层厚≥40cm；基岩裸露度<50%，轻度、中度石漠化土地；地类为宜林地、坡耕地。

四、树种及配置如下表所示：

造林树种	混交		栽植穴配置方式	株行距（m）	栽植密度（株/hm²）	造林方式	苗木类别及规格			
	方式	比例					类别	苗龄（年）	地径(cm) >	苗高(cm) >
直干桉	纯林		品字形	2×2	2 500	植苗造林	裸根苗	1~0	0.6	60

五、造林技术：

（1）整地：栽植前 1~2 个月穴状整地，规格 40×40×30cm，表土和生土分别堆放，捡出土中石块。

（2）栽植：春季造林，要求苗正根伸，适当深栽，分层填土、扶正、压实、浇足定根水；填土稍高过根茎原覆土位置 1cm 左右为宜。

（3）幼林抚育：连续抚育 3 年，每年 1~2 次，穴内除草、松土，正苗、培土，对严重影响幼树生长的灌木、草本进行刀抚。及时补植，封育灌草。

六、培育目标：培育乔、灌、草复层林，郁闭度达 0.7 以上，石漠化土地转化为潜在石漠化土地或非石漠化土地，水土流失轻度以下。

七、配置模式如下图所示：

典型设计号：15

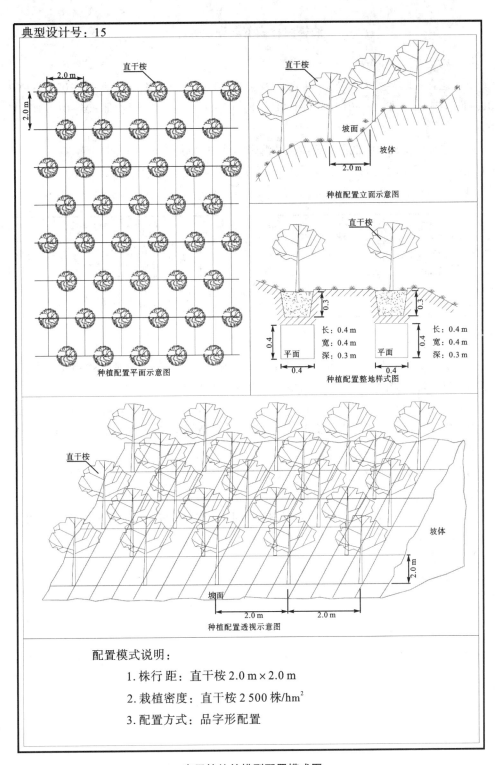

种植配置平面示意图

种植配置立面示意图

种植配置整地样式图

种植配置透视示意图

直干桉纯林模型配置模式图

配置模式说明：

1. 株 行 距：直干桉 2.0 m×2.0 m

2. 栽植密度：直干桉 2 500 株/hm²

3. 配置方式：品字形配置

油樟纯林模型典型设计

一、典型设计号：16。

二、适宜立地类型（代号）：Ⅱ-01-01、Ⅱ-01-02、Ⅱ-04-01、Ⅱ-04-02、Ⅱ-07-01、Ⅱ-07-02、Ⅲ-01-01、Ⅲ-01-02、Ⅲ-03-01、Ⅲ-03-02、Ⅲ-05-01、Ⅲ-05-02。

三、造林地特征：中低山、丘陵区，海拔 500~1 300m，坡度≤35°；黄壤，土层厚≥30cm；基岩裸露度<50%，轻度、中度石漠化土地；地类为宜林地、坡耕地。

四、树种及配置如下表所示：

造林树种	混交		栽植穴配置方式	株行距（m）	栽植密度(株/hm²)	造林方式	苗木类别及规格			
	方式	比例					类别	苗龄（年）>	地径(cm)>	苗高(cm)>
油樟	纯林		品字形	2×2	2 500	植苗造林	裸根苗	0.5~0.5	0.6	60

五、造林技术：

（1）整地：穴状整地，规格 40×40×30cm，表土和生土分别堆放，捡出土中石块。严格保护好整地穴周围地块上原有的植被，以减少水土流失。

（2）栽植：秋季植苗造林。选阴天或雨后晴天栽植为佳，随起随栽，苗正根伸，适当深栽，细土壅根，分层填土、扶正、压实，浇足定根水。填土稍高过根茎原覆土位置 1cm 左右为宜。

（3）幼林抚育：连续抚育 3 年，每年 2 次，分别在 4~5 月、8~9 月间进行，穴内松土、除草，对严重影响幼树生长的灌木、草本进行刀抚。封育林下灌草。

六、培育目标：培育乔、灌、草复层林，郁闭度达 0.7 以上，石漠化土地转化为潜在石漠化土地或非石漠化土地，水土流失中度以下。

七、其他：备用树种香樟。

八、配置模式如下图所示：

典型设计号：16

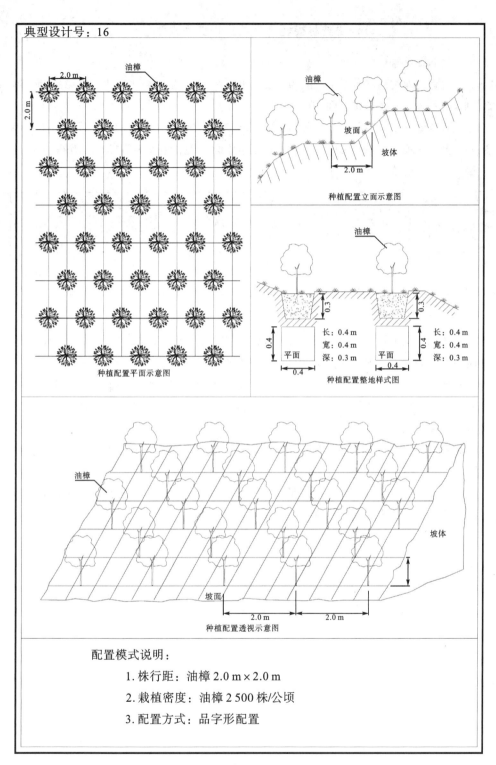

种植配置平面示意图

种植配置立面示意图

种植配置整地样式图

长：0.4 m
宽：0.4 m
深：0.3 m

种植配置透视示意图

配置模式说明：

　　1. 株行距：油樟 2.0 m × 2.0 m

　　2. 栽植密度：油樟 2 500 株/公顷

　　3. 配置方式：品字形配置

油樟纯林模型配置模式图

油樟纯林模型（自然式）典型设计

一、典型设计号：17。

二、适宜立地类型（代号）：Ⅱ-01-03、Ⅱ-01-04、Ⅱ-04-03、Ⅱ-07-03、Ⅲ-01-03、Ⅲ-01-04、Ⅲ-03-03、Ⅲ-05-03。

三、造林地特征：中低山、丘陵区，海拔500~1 300m，坡度≤35°；黄壤，土层厚≥30cm；基岩裸露度50%~69%，中度、重度石漠化土地；地类为宜林地、坡耕地。

四、树种及配置如下表所示：

造林树种	混交		栽植穴配置方式	株行距（m）	栽植密度（株/hm²）	造林方式	苗木类别及规格			
	方式	比例					类别	苗龄（年）>	地径（cm）>	苗高（cm）>
油樟	纯林		自然式		>1 250	植苗造林	裸根苗	0.5~0.5	0.6	60

五、造林技术：

（1）整地：穴状整地，规格40×40×30cm，表土和生土分别堆放，捡出土中石块。严格保护好整地穴周围地块上原有的植被，以减少水土流失。

（2）栽植：秋季植苗造林。选阴天或雨后晴天栽植为佳，随起随栽，苗正根伸，适当深栽，细土壅根，分层填土、扶正、压实，浇足定根水。填土稍高过苗木根茎原覆土位置1cm左右为宜。

（3）幼林抚育：连续抚育3年，每年2次，分别在4~5月、8~9月间进行，穴内松土、除草，对严重影响幼树生长的灌木、草本进行刀抚。封育林下灌草。

六、培育目标：培育乔、灌、草复层林，郁闭度达0.5以上，石漠化土地转化为潜在石漠化土地或非石漠化土地，水土流失中度以下。

七、其他：备用树种香樟。

八、配置模式如下图所示：

典型设计号：17

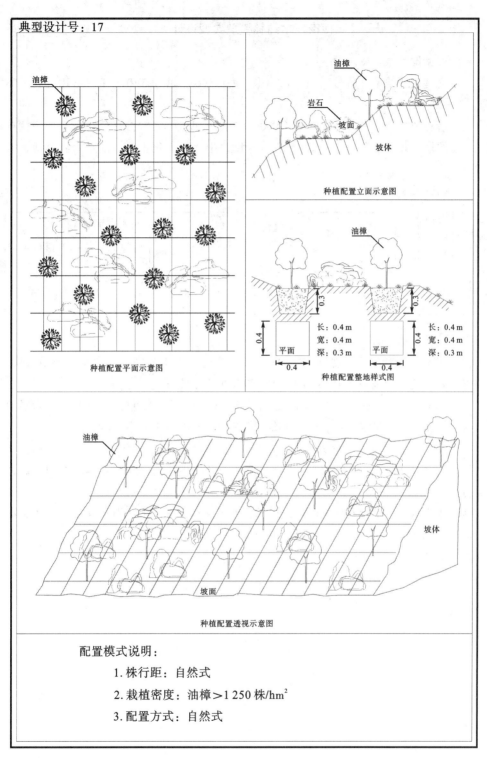

种植配置平面示意图

种植配置立面示意图

种植配置整地样式图

种植配置透视示意图

配置模式说明：

　　1. 株行距：自然式

　　2. 栽植密度：油樟＞1 250 株/hm²

　　3. 配置方式：自然式

油樟纯林模型（自然式）配置模式图

西南桤木纯林模型典型设计

一、典型设计号：18。

二、适宜立地类型（代号）：Ⅳ-02-01、Ⅳ-03-01、Ⅳ-05-01、Ⅳ-06-01、Ⅳ-08-01、Ⅳ-09-01。

三、造林地特征：中山区，海拔 1 000~2 700m，坡度≤35°；红色石灰土、棕色石灰土，土层厚≥40cm；基岩裸露度<50%，轻度、中度石漠化土地；地类为宜林地、坡耕地等。

四、树种及配置

造林树种	混交		栽植穴配置方式	株行距（m）	栽植密度（株/hm²）	造林方式	苗木类别及规格			
	方式	比例					类别	苗龄（年）	地径（cm）>	苗高（cm）>
西南桤木	纯林		品字形	2×2	2 500	植苗造林	裸根苗	1~0	0.6	60

五、造林技术：

（1）整地：穴状整地，规格 40×40×30cm，表土和生土分别堆放，捡出土中石块。严格保护好整地穴周围地块上原有的植被，以减少水土流失。

（2）栽植：秋季植苗造林。随起随栽，苗正根伸，适当深栽，细土壅根，分层填土、扶正、压实，浇足定根水。填土稍高过根茎原覆土位置1cm左右为宜。

（3）幼林抚育：连续抚育 3 年，第 1 年 1 次，第 2 年 2 次，第 3 年 1 次，4~5月、8~9月进行，穴内除草、松土、培土，对严重影响幼树生长的灌木、草本进行刀抚。林下封育灌草。

六、培育目标：培育乔、灌、草复层林，郁闭度达 0.7 以上，石漠化土地转化为潜在石漠化土地或非石漠化土地，水土流失轻度以下。

七、配置模式如下图所示：

典型设计号：18

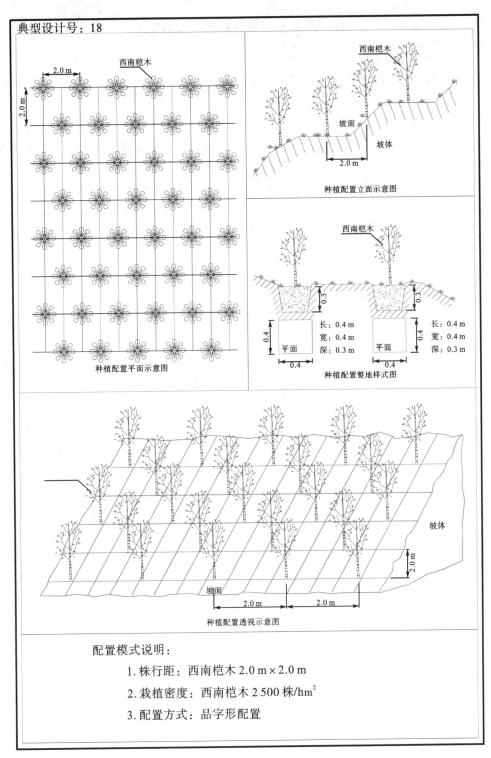

种植配置平面示意图

种植配置立面示意图

种植配置整地样式图

种植配置透视示意图

配置模式说明：

1. 株行距：西南桤木 2.0 m×2.0 m

2. 栽植密度：西南桤木 2 500 株/hm²

3. 配置方式：品字形配置

西南桤木纯林模型配置模式图

西南桤木纯林模型（自然式）典型设计

一、典型设计号：19。

二、适宜立地类型（代号）：Ⅳ-02-03、Ⅳ-02-04、Ⅳ-03-03、Ⅳ-03-04、Ⅳ-05-03、Ⅳ-06-03、Ⅳ-08-03、Ⅳ-09-03。

三、造林地特征：中山区，海拔 1 000~2 700m，坡度≤35°；棕色石灰土、红色石灰土，土层厚≥40cm；基岩裸露度 50%~69%，重度以下石漠化土地；地类为宜林地、坡耕地等。

四、树种及配置如下表所示：

造林树种	混交		栽植穴配置方式	株行距（m）	栽植密度（株/hm²）	造林方式	苗木类别及规格			
	方式	比例					类别	苗龄（年）	地径（cm）>	苗高（cm）>
西南桤木	纯林		自然式		>1 250	植苗造林	裸根苗	1~0	0.6	60

五、造林技术：

（1）整地：穴状整地，规格 40×40×30cm，表土和生土分别堆放，捡出土中石块。严格保护好整地穴周围地块上原有的植被，以减少水土流失。

（2）栽植：秋季植苗造林。随起随栽，随起随栽，苗正根伸，适当深栽，细土壅根，分层填土、扶正、压实，浇足定根水。填土稍高过根茎原覆土位置1cm左右为宜。

（3）幼林抚育：连续抚育3年，第1年1次，第2年2次，第3年1次，4~5月、8~9月进行，穴内除草、松土、培土，对严重影响幼树生长的灌木、草本进行刀抚。林下封育灌草。

六、培育目标：培育乔、灌、草复层林，郁闭度达0.5以上，石漠化土地转化为潜在石漠化土地或非石漠化土地，水土流失轻度以下。

七、配置模式如下图所示：

典型设计号：19

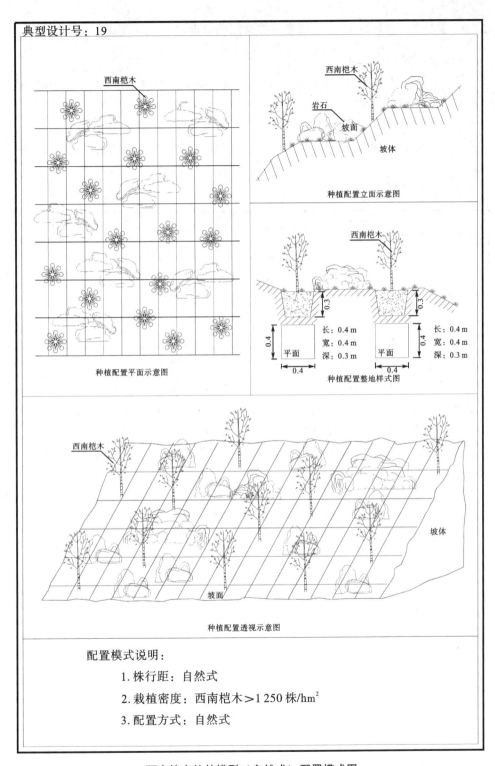

种植配置平面示意图

种植配置立面示意图

种植配置整地样式图

种植配置透视示意图

配置模式说明：

　　1. 株行距：自然式

　　2. 栽植密度：西南桤木>1 250 株/hm²

　　3. 配置方式：自然式

西南桤木纯林模型（自然式）配置模式图

桤木纯林模型典型设计

一、典型设计号：20。

二、适宜立地类型（代号）：Ⅰ-02-01、Ⅱ-02-01、Ⅱ-03-01、Ⅱ-05-01、Ⅱ-06-01、Ⅱ-08-01、Ⅱ-09-01、Ⅲ-02-01、Ⅲ-04-01、Ⅲ-06-01。

三、造林地特征：低山、丘陵区，海拔 1 400m 以下，坡度≤35°；黄色石灰土、黑色石灰土，土层厚≥40cm；基岩裸露度<50%，轻度、中度石漠化土地；地类为宜林地、坡耕地。

四、树种及配置如下表所示：

造林树种	混交		栽植穴配置方式	株行距（m）	栽植密度（株/hm²）	造林方式	苗木类别及规格			
	方式	比例					类别	苗龄（年）	地径（cm）>	苗高（cm）>
桤木	纯林		品字形	2×2	2 500	植苗造林	裸根苗	1~0	0.6	60

五、造林技术：

（1）整地：穴状整地，规格 40×40×30cm，表土和生土分别堆放，捡出土中石块。严格保护好整地穴周围地块上原有的植被，以减少水土流失。

（2）栽植：秋季植苗造林。雨后阴天随起随栽，苗正根伸，适当深栽，细土壅根、分层填土、扶正、压实，浇足定根水。填土稍高过根茎原覆土位置 1cm 左右为宜。

（3）幼林抚育：连续抚育 3 年，每年 1 次，秋季（8~9 月）进行，穴内除草、松土、扶苗、培土，对严重影响幼树生长的灌木、草本进行刀抚。加强病虫害防治，封育林下灌草。

六、培育目标：培育乔、灌、草复层林，郁闭度达 0.7 以上，石漠化土地转化为潜在石漠化土地或非石漠化土地，水土流失轻度以下。

七、配置模式如下图所示：

典型设计号：20

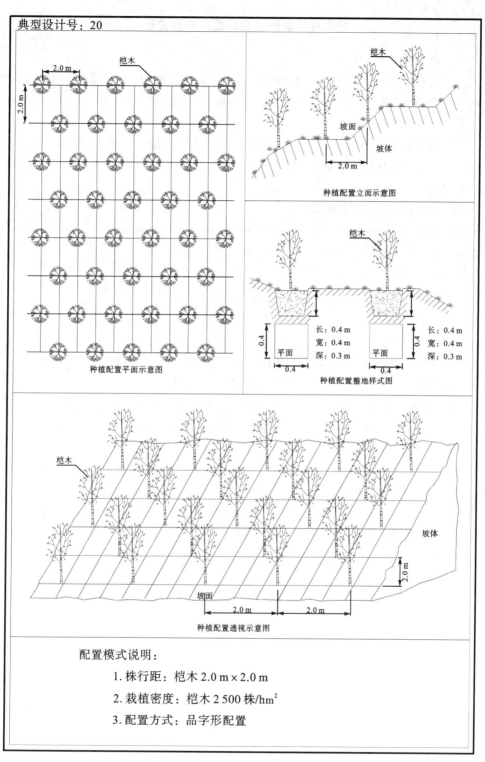

种植配置平面示意图

种植配置立面示意图

种植配置整地样式图

长：0.4 m
宽：0.4 m
深：0.3 m

长：0.4 m
宽：0.4 m
深：0.3 m

种植配置透视示意图

配置模式说明：

1. 株行距：桤木 2.0 m×2.0 m

2. 栽植密度：桤木 2 500 株/hm²

3. 配置方式：品字形配置

桤木纯林模型配置模式图

桤木纯林模型（自然式）典型设计

一、典型设计号：21。

二、适宜立地类型（代号）：Ⅰ-02-03、Ⅱ-02-03、Ⅱ-02-04、Ⅱ-03-03、Ⅱ-03-04、Ⅱ-05-03、Ⅱ-06-03、Ⅱ-08-03、Ⅱ-09-03、Ⅲ-02-03、Ⅲ-02-04、Ⅲ-04-03、Ⅲ-06-03。

三、造林地特征：低山、丘陵区，海拔1 400m以下，坡度≤35°；黄色石灰土、黑色石灰土，土层厚≥30cm；基岩裸露度50%~69%，中度以下石漠化土地；地类为宜林地、坡耕地。

四、树种及配置如下表所示：

造林树种	混交		栽植穴配置方式	株行距（m）	栽植密度（株/hm²）	造林方式	苗木类别及规格			
	方式	比例					类别	苗龄（年）	地径（cm）>	苗高（cm）>
桤木	纯林		自然式		>1 250	植苗造林	裸根苗	1~0	0.6	60

五、造林技术：

（1）整地：穴状整地，规格40×40×30cm，表土和生土分别堆放，捡出土中石块。严格保护整地穴周围地块上原有的植被，以减少水土流失。

（2）栽植：秋季植苗造林。雨后阴天随起随栽，苗正根伸，适当深栽，细土壅根，分层填土、扶正、压实，浇足定根水。填土稍高过苗木根茎原覆土位置1cm左右为宜。

（3）幼林抚育：连续抚育3年，每年秋季（8~9月）进行。穴内除草、松土、扶苗、培土，对严重影响幼树生长的灌木、草本进行刀抚。加强病虫害防治，封育林下灌草，培育乔、灌、草复层林。

六、培育目标：培育乔、灌、草复层林，郁闭度达0.5以上，石漠化土地转化为潜在石漠化土地或非石漠化土地，水土流失中度以下。

七、配置模式如下图所示：

典型设计号：21

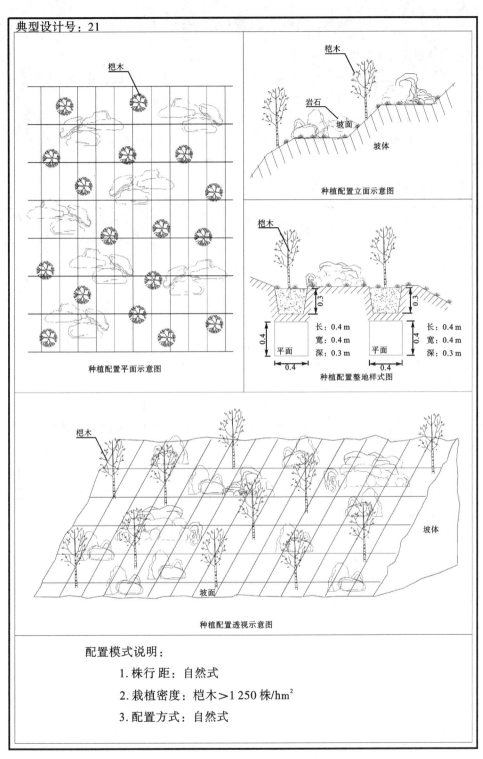

种植配置平面示意图

种植配置立面示意图

种植配置整地样式图

长：0.4 m
宽：0.4 m
深：0.3 m

种植配置透视示意图

配置模式说明：
1. 株行距：自然式
2. 栽植密度：桤木＞1 250 株/hm²
3. 配置方式：自然式

桤木纯林模型（自然式）配置模式图

桤木、马桑混交模型典型设计（22）

一、典型设计号：22。

二、适宜立地类型（代号）：Ⅰ-02-02、Ⅱ-02-02、Ⅱ-03-02、Ⅱ-05-02、Ⅱ-06-02、Ⅱ-08-02、Ⅱ-09-02、Ⅲ-02-02、Ⅲ-04-02、Ⅲ-06-02。

三、造林地特征：低山、丘陵区，海拔1 400m以下，坡度≤35°；黄色石灰土、黑色石灰土；土层厚20~39cm，基岩裸露度<50%，中度以下石漠化土地；地类为宜林地、坡耕地。

四、树种及配置如下表所示：

造林树种	混交		栽植穴配置方式	株行距（m）	栽植密度（株、穴/hm²）	造林方式	苗木类别及规格			
	方式	比例					类别	苗龄（年）	地径（cm）>	苗高（cm）>
桤木	行间混交	1	矩形	2×2	2 500	植苗造林	裸根苗	1~0	0.6	60
马桑		1	矩形	1×2	5 000	直播造林				

五、造林技术：

（1）整地：穴状整地，桤木40×40×30cm，马桑20×20×20cm，表土和生土分别堆放，捡出土中石块。

（2）栽植：秋季造林。桤木植苗造林，雨后阴天随起随栽，苗正根伸，适当深栽，细土壅根，分层填土、扶正、压实，浇足定根水。填土稍高过苗木根茎原覆土位置1cm左右为宜。马桑直播造林，每穴600~800粒，播后盖山草。

（3）幼林抚育：连续抚育3年，每年1次，秋季（8~9月）进行，桤木穴内除草、松土、扶苗、培土，对严重影响幼树生长的灌木、草本进行刀抚。马桑第1年扶苗正苗，第2年间苗定株，每穴保留4~6株，第2年起每年冬季平茬。

六、培育目标：培育乔、灌、草复层林，郁闭度达0.7以上，由石漠化土地转化为潜在石漠化土地或非石漠化土地，水土流失轻度以下。

七、其他：备用树种麻栎、青冈栎、黄荆。

八、配置模式如下图所示：

典型设计号：22

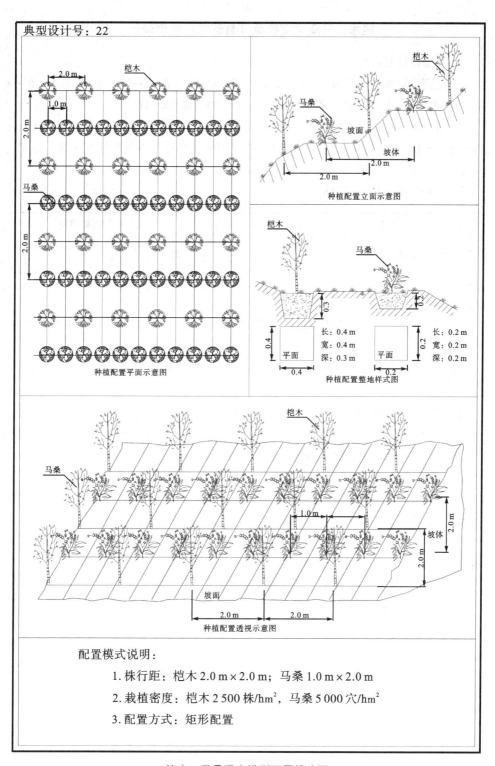

种植配置平面示意图

种植配置立面示意图

种植配置整地样式图

长：0.4 m
宽：0.4 m
深：0.3 m

长：0.2 m
宽：0.2 m
深：0.2 m

种植配置透视示意图

配置模式说明：

1. 株行距：桤木 2.0 m×2.0 m；马桑 1.0 m×2.0 m

2. 栽植密度：桤木 2 500 株/hm²，马桑 5 000 穴/hm²

3. 配置方式：矩形配置

桤木、马桑混交模型配置模式图

桤木、马桑混交模型（自然式）典型设计

一、典型设计号：23。

二、适宜立地类型（代号）：Ⅰ-02-03、Ⅱ-02-04、Ⅱ-03-04、Ⅱ-05-03、Ⅱ-06-03、Ⅱ-08-03、Ⅱ-09-03、Ⅲ-02-04、Ⅲ-04-03、Ⅲ-06-03。

三、造林地特征：低山、丘陵区，海拔1 400m以下，坡度≤35°；黄色石灰土、黑色石灰土，土层厚20~39cm；基岩裸露度50%~69%，中度、重度石漠化土地；地类为宜林地、坡耕地。

四、树种及配置如下表所示：

造林树种	混交		栽植穴配置方式	株行距（m）	栽植密度（株、穴/hm²）	造林方式	苗木类别及规格			
	方式	比例					类别	苗龄（年）	地径（cm）>	苗高（cm）>
桤木 马桑	块状混交	1 2	自然式		>1 250 >2 500	植苗造林 直播造林	裸根苗	1~0	0.6	60

五、造林技术：

（1）整地：穴状整地，规格桤木40×40×30cm，马桑20×20×20cm，表土和生土分别堆放，捡出土中石块。

（2）栽植：秋季造林。桤木植苗造林，雨后阴天随起随栽，苗正根伸，适当深栽，细土壅根，分层填土、扶正、压实，浇足定根水。填土稍高过苗木根茎原覆土位置1cm左右为宜。马桑直播造林，每穴600~800粒，播后盖山草。

（3）幼林抚育：连续抚育3年，每年1次，秋季（8~9月）进行，桤木穴内除草、松土、扶苗、培土，对严重影响幼树生长的灌木、草本进行刀抚。马桑第1年扶苗正苗，第2年间苗定株，每穴保留4~6株，第2年起每年冬季平茬。封育林下灌草。

六、培育目标：培育乔、灌、草复层林，郁闭度达0.5以上，石漠化土地转化为潜在石漠化土地或非石漠化土地，水土流失中度以下。

七、其他：备选树种，麻栎、青冈栎、黄荆。

八、配置模式如下图所示：

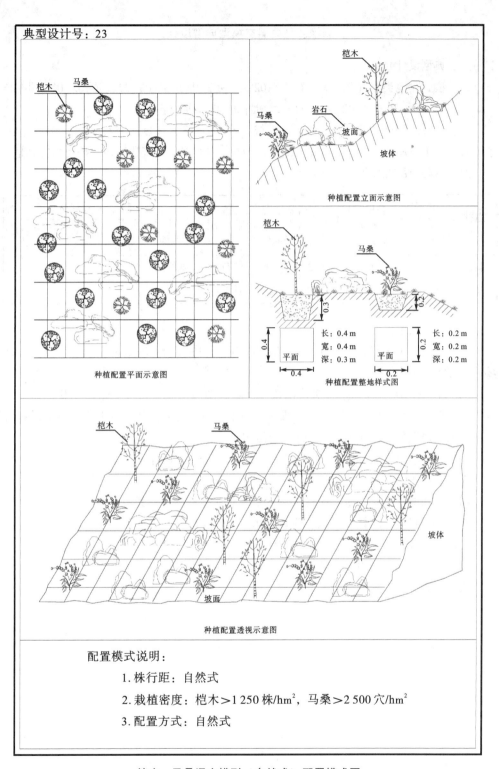

种植配置平面示意图

种植配置立面示意图

种植配置整地样式图

种植配置透视示意图

配置模式说明：

1. 株行距：自然式

2. 栽植密度：桤木＞1 250 株/hm²，马桑＞2 500 穴/hm²

3. 配置方式：自然式

桤木、马桑混交模型（自然式）配置模式图

刺槐、马桑混交模型典型设计

一、典型设计号：24。

二、适宜立地类型（代号）：Ⅰ-02-02、Ⅱ-02-02、Ⅱ-03-02、Ⅱ-05-02、Ⅱ-06-02、Ⅱ-08-02、Ⅱ-09-02、Ⅲ-02-02、Ⅲ-04-02、Ⅲ-06-02。

三、造林地特征：低山、丘陵区，海拔1 800m以下，坡度≤35°；黄色石灰土、黑色石灰土，土层厚20~39cm；基岩裸露度<50%，中度以下石漠化土地；地类为宜林地。

四、树种及配置如下表所示：

造林树种	混交		栽植穴配置方式	株行距（m）	栽植密度（株、穴/hm²）	造林方式	苗木类别及规格			
	方式	比例					类别	苗龄（年）	地径（cm）>	苗高（cm）>
刺槐	行间混交	1	矩形	1.5×2	3 333	植苗造林	裸根苗	1~0	0.5	58
马桑		1	矩形	0.75×2	6 667	直播造林				

五、造林技术：

（1）整地：穴状整地，规格刺槐40×40×30cm，马桑20×20×20cm，表土和生土分别堆放，并捡出土中石块。

（2）栽植：秋季造林。刺槐植苗造林，随起随栽，苗正根伸，适当深栽，细土壅根，分层填土、扶正、压实、浇足定根水。填土稍高过苗木根茎原覆土位置1cm左右为宜。马桑直播造林，每穴600~800粒，覆盖山草。

（3）幼林抚育：连续抚育3年，每年4~5月、8~9月各1次，刺槐穴内除草、松土、正苗、培土，对严重影响幼树生长的灌木、草本进行刀抚。马桑第1年扶描、正苗，第2年间苗、定株，每穴保留2~4株。第3年冬季平茬。封育林下灌草。

六、培育目标：培育乔、灌、草复层林，郁闭度达0.6以上，石漠化土地转化为潜在石漠化土地或非石漠化土地，水土流失轻度以下。

七、其他：灌木备用树种黄荆。

八、配置模式如下图所示：

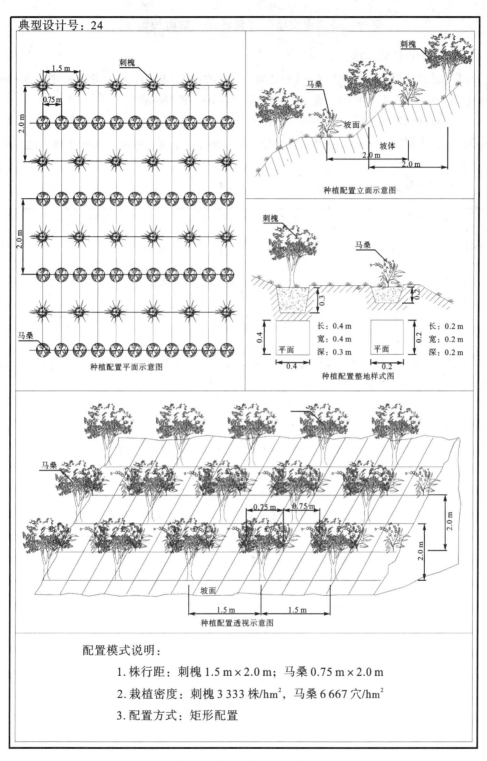

典型设计号: 24

种植配置平面示意图

种植配置立面示意图

种植配置整地样式图

长: 0.4 m
宽: 0.4 m
深: 0.3 m

长: 0.2 m
宽: 0.2 m
深: 0.2 m

种植配置透视示意图

配置模式说明:
1. 株行距: 刺槐 1.5 m×2.0 m; 马桑 0.75 m×2.0 m
2. 栽植密度: 刺槐 3 333 株/hm²,马桑 6 667 穴/hm²
3. 配置方式: 矩形配置

刺槐、马桑混交模型配置模式图

刺槐、马桑混交模型（自然式）典型模型设计

一、典型设计号：25。

二、适宜立地类型（代号）：Ⅰ-02-03、Ⅱ-02-04、Ⅱ-03-04、Ⅱ-05-03、Ⅱ-06-03、Ⅱ-08-03、Ⅱ-09-03、Ⅲ-02-04、Ⅲ-04-03、Ⅲ-06-03。

三、造林地特征：低山、丘陵区，海拔1 800m以下，坡度≤35°；黄色石灰土、黑色石灰土，土层厚20~39cm；基岩裸露度50%~69%，中度、重度石漠化土地；地类为宜林地。

四、树种及配置如下表所示：

造林树种	混交		栽植穴配置方式	株行距（m）	栽植密度（株、穴/hm²）	造林方式	苗木类别及规格			
	方式	比例					类别	苗龄（年）	地径（cm）>	苗高（cm）>
刺槐	穴间混交	1	自然式		>1 666	植苗造林	裸根苗	1~0	0.5	58
马桑		2			>3 333	直播造林				

五、造林技术：

（1）整地：穴状整地，规格刺槐30×30×30cm，马桑20×20×20cm，表土和生土分别堆放，并捡出土中石块。

（2）栽植：秋季造林，刺槐苗造林，随起随栽，苗正根伸，适当深栽，细土壅根，分层填土、扶正、压实，浇足定根水。填土稍高过苗木根茎原覆土位置1cm左右为宜。覆土面高于容器表面1~2cm。马桑直播造林，每穴600~800粒，覆盖山草。

（3）幼林抚育：连续抚育3年，每年4~5月、8~9月各1次，刺槐穴内除草、松土、正苗、培土，对严重影响幼树生长的灌木、草本进行刀抚。马桑第1年扶描正苗，第2年间苗定株，每穴保留2~4株。第3年冬季平茬。封育林下灌草。

六、培育目标：培育乔、灌、草复层林，郁闭度达0.5以上，石漠化土地转化为潜在石漠化土地非石漠化土地，水土流失中度以下。

七、其他：灌木备用树种黄荆。

八、配置模式如下图所示：

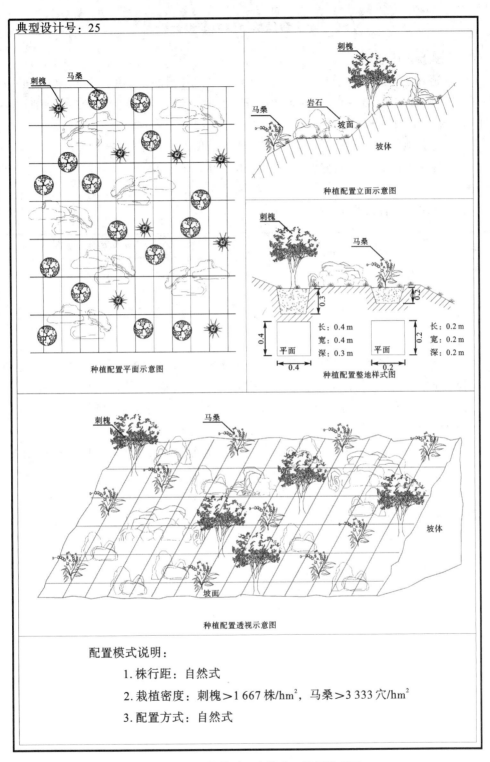

典型设计号：25

种植配置平面示意图

种植配置立面示意图

种植配置整地样式图

种植配置透视示意图

配置模式说明：

　　1.株行距：自然式

　　2.栽植密度：刺槐＞1 667 株/hm²，马桑＞3 333 穴/hm²

　　3.配置方式：自然式

刺槐、马桑混交模型（自然式）配置模式图

硬头黄纯林模型典型设计

一、典型设计号：26。

二、适宜立地类型（代号）：Ⅰ-01-01、Ⅰ-02-01、Ⅱ-01-01、Ⅱ-02-01、Ⅱ-04-01、Ⅱ-05-01、Ⅱ-07-01、Ⅱ-08-01、Ⅲ-01-01、Ⅲ-02-01、Ⅲ-03-01、Ⅲ-04-01、Ⅲ-05-01、Ⅲ-06-01。

三、造林地特征：低山、丘陵区，海拔800m以下，坡度≤35°；黄壤、黄色石灰土，土层厚≥40cm；基岩裸露度<50%，轻度、中度石漠化土地；地类为宜林地、坡耕地。

四、树种及配置如下表所示：

造林树种	混交		栽植穴配置方式	株行距（m）	栽植密度（株/hm²）	造林方式	苗木类别及规格			
	方式	比例					类别	苗龄（年）	地径（cm）>	苗高（cm）>
硬头黄	纯林		品字形	4×4	625	分蔸造林	母竹	$1_{(2)}$~0	2.0	

五、造林技术：

（1）整地：穴状整地，根据实际情况，一般规格70×70×50cm，表土和生土分别堆放，捡出土中石块。严格保护好整地穴周围地块上原有的植被，以减少水土流失。

（2）栽植：春季分蔸移栽。选1~2年生、直径3~5cm的母竹，留秆高1.5~2.0m，2~3盘枝，斜放穴内，切口向上，覆土、压实、浇足水。

（3）补植：连续抚育4年，每年12月松土、壅蔸1次，对严重影响发笋生长的灌木、草本进行刀抚。加强竹象鼻虫、竹蝗等病虫害防治。

六、培育目标：培育竹林，郁闭度达0.7以上，石漠化土地转化为潜在石漠化土地或非石漠化土地，水土流失为轻度以下。

七、其他：备用竹种，慈竹。

八、配置模式如下图所示：

典型设计号：26

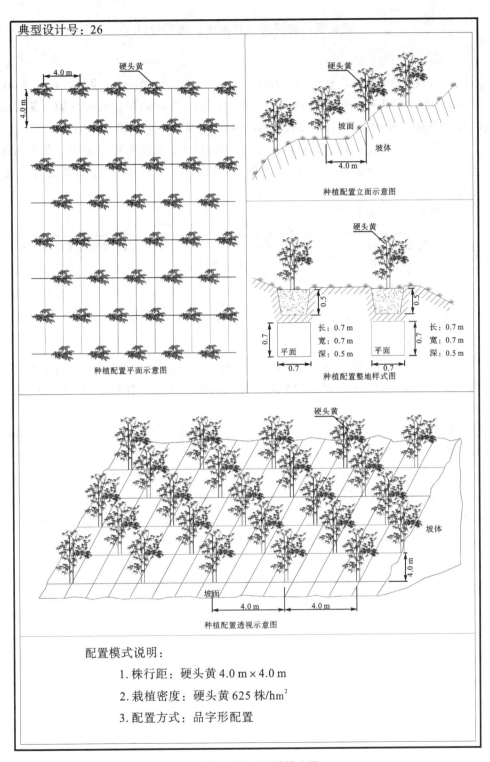

种植配置立面示意图

种植配置整地样式图

种植配置平面示意图

种植配置透视示意图

配置模式说明：

　　1. 株行距：硬头黄 4.0 m × 4.0 m

　　2. 栽植密度：硬头黄 625 株/hm²

　　3. 配置方式：品字形配置

硬头黄纯林模型配置模式图

硬头黄纯林模型（自然式）典型设计

一、典型设计号：27。

二、适宜立地类型（代号）：Ⅰ-01-03、Ⅰ-02-03、Ⅱ-01-03、Ⅱ-01-04、Ⅱ-02-03、Ⅱ-02-04、Ⅱ-04-03、Ⅱ-05-03、Ⅱ-07-03、Ⅱ-08-03、Ⅲ-01-03、Ⅲ-01-04、Ⅲ-02-03、Ⅲ-02-04、Ⅲ-03-03、Ⅲ-04-03、Ⅲ-05-03、Ⅲ-06-03。

三、造林地特征：低山、丘陵区，海拔800m以下，坡度≤35°；黄壤、黄色石灰土，土层厚≥30cm；基岩裸露度50%~69%，中度、重度石漠化土地；地类为宜林地、坡耕地。

四、树种及配置如下表所示：

造林树种	混交		栽植穴配置方式	株行距（m）	栽植密度（株/hm²）	造林方式	苗木类别及规格			
	方式	比例					类别	苗龄（年）	地径（cm）>	苗高（cm）>
硬头黄	纯林		自然式		>312	分蔸造林	母竹	1(2)~0	2.0	

五、造林技术：

（1）整地：穴状整地，规格根据实际情况确定，一般为70×70×50cm，表土和生土分别堆放，捡出土中石块。严格保护好整地穴周围地块上原有的植被，以减少水土流失。

（2）栽植：春季分蔸移栽。选1~2年生、直径3~5cm的母竹，留秆高1.5~2.0m，2~3盘枝，斜放穴内，切口向上，覆土、压实，浇足水。

（3）补植：连续抚育4年，每年12月松土、壅蔸1次，对严重影响发笋生长的灌木、草本进行刀抚。加强竹象鼻虫、竹蝗等病虫害防治。

六、培育目标：培育笋材两用竹林，郁闭度达0.5以上，石漠化土地转化为潜在石漠化土地或非石漠化土地，水土流失为中度以下。

七、其他：备用竹种，慈竹。

八、配置模式如下图所示：

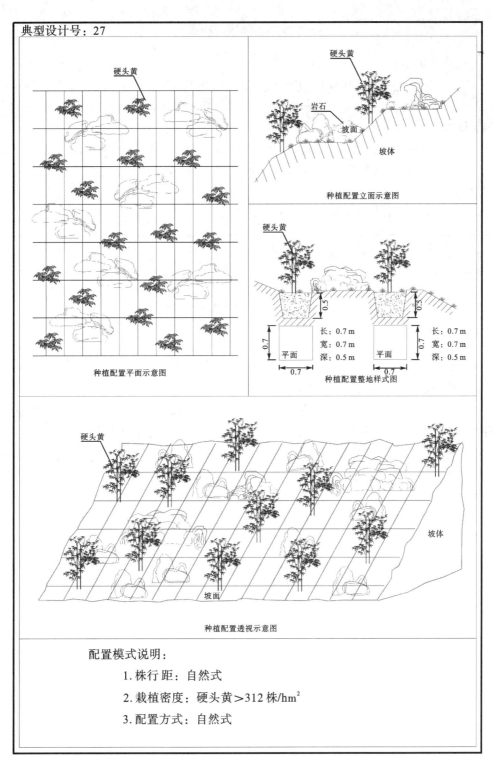

种植配置立面示意图

种植配置平面示意图

种植配置整地样式图

种植配置透视示意图

配置模式说明：

    1. 株行距：自然式

    2. 栽植密度：硬头黄＞312株/hm²

    3. 配置方式：自然式

硬头黄纯林模型（自然式）配置模式图

麻竹纯林模型典型设计

一、典型设计号：28。

二、适宜立地类型（代号）：Ⅰ-01-01、Ⅰ-02-01、Ⅱ-01-01、Ⅱ-02-01、Ⅱ-04-01、Ⅱ-05-01、Ⅱ-07-01、Ⅱ-08-01、Ⅲ-01-01、Ⅲ-02-01、Ⅲ-03-01、Ⅲ-04-01、Ⅲ-05-01、Ⅲ-06-01。

三、造林地特征：低山、丘陵区，海拔800m以下，坡度≤35°；黄壤、黄色石灰土，土层厚≥40cm；基岩裸露度<50%，轻度、中度石漠化土地；地类为宜林地、坡耕地。

四、树种及配置如下表所示：

造林树种	混交		栽植穴配置方式	株行距（m）	栽植密度（株/hm²）	造林方式	苗木类别及规格			
	方式	比例					类别	苗龄（年）	地径（cm）>	苗高（cm）>
麻竹	纯林		品字形	4×5	500	分蔸造林	母竹	1(2)~0	2.0	

五、造林技术：

（1）整地：穴状整地，规格70×70×50cm，表土和生土分别堆放，捡出土中石块。严格保护好整地穴周围地块上原有的植被，以减少水土流失。

（2）栽植：春、秋季分蔸移栽，以3~4月阴雨天最好。选2~3年生、健壮竹株作母竹，按1~2或2~3株为一小丛分开，尽可能新老竹株搭配，保留竹竿1.5~2m，能有1~2条枝更好，竿端削成马耳形。栽植时母竹斜放穴内与地面呈45~60度角，也可直立，马耳形切口向上以便接收雨水。填土不超过原入土深度的3~5cm，踩紧，浇足定根水。

（3）抚育：连续抚育4年，每年抚育1~2次，第1次在出笋前（5~6月），第2次在新竹长成后（9~10月）。若只进行一次除草，可在7~8月进行。穴内松土、壅蔸，对严重影响发笋生长的灌木、草本进行刀抚。加强竹象鼻虫、竹蝗防治。

六、培育目标：培育竹林，郁闭度达0.7以上，石漠化土地转化为潜在石漠化土地或非石漠化土地，水土流失为轻度以下。

七、其他：备用竹种，撑绿竹。

八、配置模式如下图所示：

典型设计号：28

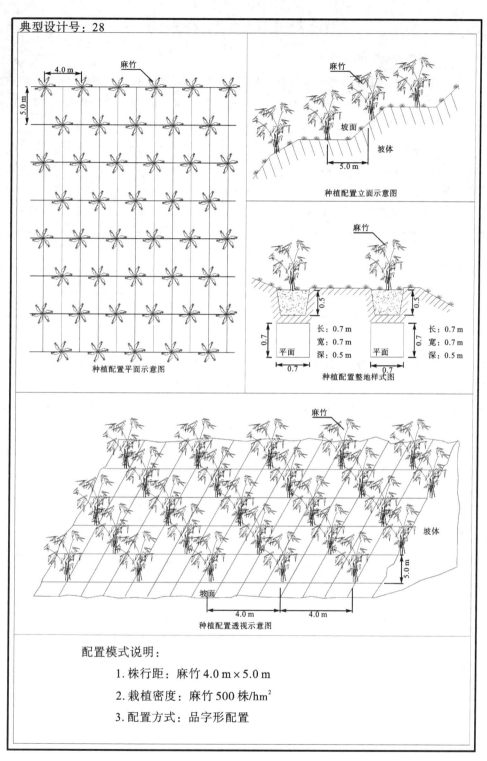

麻竹
种植配置平面示意图

麻竹
坡面
坡体
5.0 m
种植配置立面示意图

麻竹
0.5
0.5
长：0.7 m
宽：0.7 m
深：0.5 m
长：0.7 m
宽：0.7 m
深：0.5 m
平面
平面
0.7
0.7
0.7
0.7
种植配置整地样式图

麻竹
坡面
坡体
4.0 m
4.0 m
5.0 m
种植配置透视示意图

配置模式说明：

    1. 株行距：麻竹 4.0 m × 5.0 m

    2. 栽植密度：麻竹 500 株/hm²

    3. 配置方式：品字形配置

麻竹纯林模型配置模式图

麻竹纯林模型（自然式）典型设计

一、典型设计号：29。

二、适宜立地类型（代号）：Ⅰ-01-03、Ⅰ-02-03、Ⅱ-01-03、Ⅱ-01-04、Ⅱ-02-03、Ⅱ-02-04、Ⅱ-04-03、Ⅱ-05-03、Ⅱ-07-03、Ⅱ-08-03、Ⅲ-01-03、Ⅲ-01-04、Ⅲ-02-03、Ⅲ-02-04、Ⅲ-03-03、Ⅲ-04-03、Ⅲ-05-03、Ⅲ-06-03。

三、造林地特征：低山、丘陵区，海拔 800m 以下，坡度 ≤35°；黄壤、黄色石灰土，土层厚 ≥40cm；基岩裸露度 50%~69%，中度、重度石漠化土地。地类为宜林地、坡耕地等。

四、树种及配置如下表所示：

造林树种	混交		栽植穴配置方式	株行距（m）	栽植密度（株/hm²）	造林方式	苗木类别及规格			
	方式	比例					类别	苗龄（年）>	地径（cm）>	苗高（cm）>
麻竹	纯林		自然式		>250	分蔸造林	母竹	1$_{(2)}$~0	2.0	

五、造林技术：

（1）整地：穴状整地，规格实际情况确定，一般为 70×70×50cm，表土和生土分别堆放，捡出土中石块。严格保护好整地穴周围地块上原有的植被，以减少水土流失。

（2）栽植：春、秋季分蔸移栽，以 3~4 月阴雨天最好。选 2~3 年生、健壮竹株作母竹，按 1~2 或 2~3 株为一小丛分开，尽可能新老竹株搭配，保留竹竿 1.5~2m，能有 1~2 条枝更好，竿端削成马耳形。栽植时母竹斜放穴内与地面呈 45~60 度角，也可直立，马耳形切口向上以便接收雨水。填土不超过原入土深度的 3~5cm，踩紧，浇足定根水。

（3）抚育：连续抚育 4 年，每年抚育 1~2 次，第 1 次在出笋前（5~6 月），第 2 次在新竹长成后（9~10 月）。若只进行一次除草，可在 7~8 月进行。穴内除草、松土、壅蔸，对严重影响发笋生长的灌木、草本进行刀抚。加强竹象鼻虫、竹蝗等病虫害防治。

六、培育目标：培育笋材两用竹林，郁闭度达 0.5 以上，石漠化土地转化为潜在石漠化土地或非石漠化土地，水土流失为中度以下。

七、其他：备用竹种，撑绿竹。

八、配置模式如下图所示：

典型设计号：29

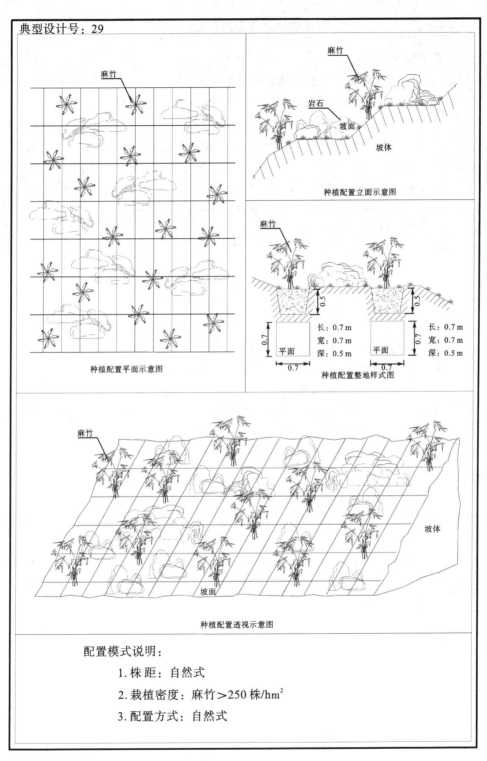

种植配置平面示意图

种植配置立面示意图

种植配置整地样式图

长：0.7 m
宽：0.7 m
深：0.5 m

长：0.7 m
宽：0.7 m
深：0.5 m

种植配置透视示意图

配置模式说明：

　1.株距：自然式

　2.栽植密度：麻竹＞250株/hm²

　3.配置方式：自然式

麻竹纯林模型（自然式）配置模式图

绵竹纯林模型典型设计

一、典型设计号：30。

二、适宜立地类型（代号）：Ⅱ-01-01、Ⅱ-02-01、Ⅱ-03-01、Ⅱ-04-01、Ⅱ-05-01、Ⅱ-06-01、Ⅱ-07-01、Ⅱ-08-01、Ⅱ-09-01。

三、造林地特征：低山、丘陵区，海拔1 300以下，坡度≤35°；黄壤、黄色石灰土、黑色石灰土，土层厚≥40cm；基岩裸露度<50%，轻度、中度石漠化土地；地类为宜林地、坡耕地。

四、树种及配置如下表所示：

造林树种	混交		栽植穴配置方式	株行距（m）	栽植密度（株/hm²）	造林方式	苗木类别及规格			
	方式	比例					类别	苗龄（年）>	地径（cm）>	苗高（cm）>
绵竹	纯林		品字形	4×5	500	分蔸造林	母竹	1(2)~0	1.5	

五、造林技术：

（1）整地：造林前穴状整地，规格70×70×50cm，表土和生土分别堆放，捡出土中石块。严格保护好整地穴周围地块上原有的植被，以减少水土流失。

（2）栽植：春、秋季分蔸移栽，以3~4月阴雨天最好。选2~3年生、健壮竹株作母竹，按1~2或2~3株为一小丛分开，尽可能新老竹株搭配，保留竹竿1.5~2m，能有1~2条枝更好，竿端削成马耳形。栽植时母竹斜放穴内与地面呈45~60度角，也可直立，马耳形切口向上以便接收雨水。填土不超过原入土深度的3~5cm，踩紧，浇足定根水。

（3）抚育：连续抚育4年，每年抚育1~2次，第1次在出笋前（5~6月），第2次在新竹长成后（9~10月）。若只进行一次除草，可在7~8月进行。穴内松土、壅蔸，对严重影响发笋生长的灌木、草本进行刀抚。加强竹象鼻虫、竹蝗等防治。

六、培育目标：培育竹林，郁闭度达0.7以上，石漠化土地转化为潜在石漠化土地或非石漠化土地，水土流失为轻度以下。

七、配置模式如下图所示：

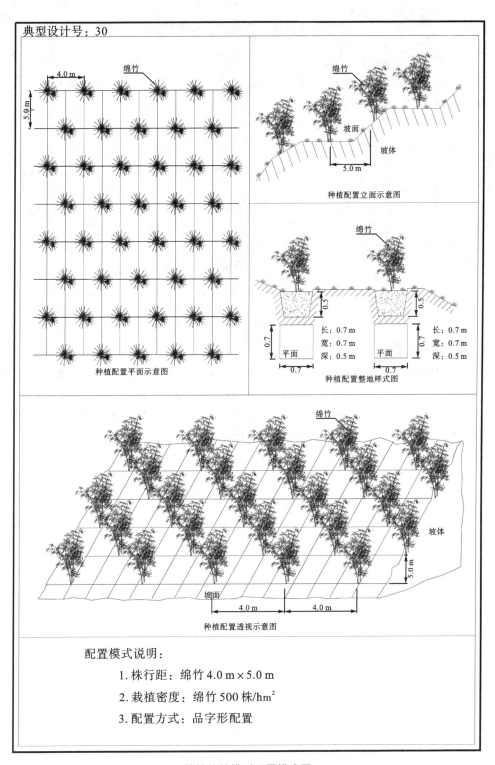

种植配置平面示意图

种植配置立面示意图

种植配置整地样式图

种植配置透视示意图

配置模式说明：

1. 株行距：绵竹 4.0 m × 5.0 m

2. 栽植密度：绵竹 500 株/hm²

3. 配置方式：品字形配置

绵竹纯林模型配置模式图

绵竹纯林模型（自然式）典型设计

一、典型设计号：31。

二、适宜立地类型（代号）：Ⅱ-01-03、Ⅱ-01-04、Ⅱ-02-03、Ⅱ-02-04、Ⅱ-03-03、Ⅱ-03-04、Ⅱ-04-03、Ⅱ-05-03、Ⅱ-06-03、Ⅱ-07-03、Ⅱ-08-03、Ⅱ-09-03。

三、造林地特征：低山、丘陵区，海拔1 300m以下，坡度≤35°；黄壤、黄色石灰土、黑色石灰土，土层厚≥30cm；基岩裸露度50%~69%，中度、重度石漠化土地；地类为宜林地、坡耕地等。

四、树种及配置如下表所示：

造林树种	混交		栽植穴配置方式	株行距（m）	栽植密度（株/hm²）	造林方式	苗木类别及规格			
	方式	比例					类别	苗龄（年）	地径（cm）>	苗高（cm）>
绵竹	纯林		自然式		>250	分蔸造林	母竹	1(2)~0	1.5	

五、造林技术：

（1）整地：穴状整地，规格实际情况确定，最大为70×70×50cm，表土和生土分别堆放，捡出土中石块。严格保护好整地穴周围地地块上原有的植被，以减少水土流失。

（2）栽植：春、秋季分蔸移栽，以3~4月阴雨天最好。选2~3年生、健壮竹株作母竹，按1~2或2~3株为一小丛分开，尽可能新老竹株搭配，保留竹竿1.5~2m，能有1~2条枝更好，竿端削成马耳形。栽植时母竹斜放穴内与地面呈45~60度角，也可直立，马耳形切口向上以便接收雨水。填土不超过原入土深度的3~5cm，踩紧，浇足定根水。

（3）抚育：连续抚育4年，每年抚育1~2次，第1次在出笋前（5~6月），第2次在新竹长成后（9~10月）。若只进行一次除草，可在7~8月进行。穴内松土、壅蔸，对严重影响发笋生长的灌木、草本进行刀抚。加强竹象鼻虫、竹蝗等防治。

六、培育目标：培育竹林，郁闭度达0.5以上，石漠化土地转化为潜在石漠化土地或非石漠化土地，水土流失为中度以下。

七、配置模式如下图所示：

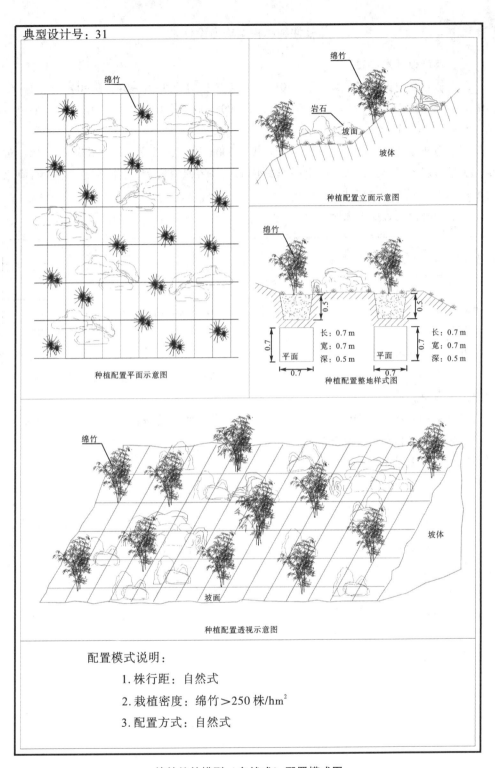

种植配置立面示意图

种植配置平面示意图

种植配置整地样式图

长：0.7 m
宽：0.7 m
深：0.5 m

长：0.7 m
宽：0.7 m
深：0.5 m

种植配置透视示意图

配置模式说明：

1. 株行距：自然式

2. 栽植密度：绵竹＞250 株/hm^2

3. 配置方式：自然式

绵竹纯林模型（自然式）配置模式图

杜仲纯林模型典型设计

一、典型设计号：32。

二、适宜立地类型（代号）：Ⅱ-01-01、Ⅱ-02-01、Ⅱ-03-01、Ⅱ-04-01、Ⅱ-05-01、Ⅱ-06-01、Ⅱ-07-01、Ⅱ-08-01、Ⅱ-09-01、Ⅲ-01-01、Ⅲ-02-01、Ⅲ-03-01、Ⅲ-04-01、Ⅲ-05-01、Ⅲ-06-01。

三、造林地特征：低山、丘陵区，海拔1 300m以下，坡度<25°，山坡中下部；黄壤，黄色石灰土、黑色石灰土，土层厚≥40cm；基岩裸露度<50%，轻度、中度石漠化土地；地类为坡耕地、宜林地。

四、树种及配置如下表所示：

造林树种	混交		栽植穴配置方式	株行距（m）	栽植密度（株/hm²）	造林方式	苗木类别及规格			
	方式	比例					类别	苗龄（年）	地径（cm）>	苗高（cm）>
杜仲	纯林		品字形	2×3	1 666	植苗造林	裸根苗	1~0	0.6	50

五、造林技术：

（1）整地：造林前沿等高线穴状整地，规格50×50×30cm，表土和生土分别堆放，捡出土中石块。

（2）栽植：冬、春季植苗造林，春季造林在芽苞萌动前进行；冬栽在落叶后进行。造林时先将熟土和基肥（腐熟的厩肥、堆肥、饼肥等3~5kg）充分混合后填入栽植穴，随起随栽，苗正根伸，适当深栽，细土壅根，分层填土、扶正、压实，浇足定根水。填土稍高过苗木根茎原覆土位置1cm左右为宜。

（3）栽后管理：栽植后3~4年内，一般每年在4月、6月上旬进行1~2次松土、除草、除蘖，并砍除穴外影响幼树生长的灌木等。加强水肥培育，不断改善光照条件。幼龄林每年结合松土、除草施以追肥。追肥以饼肥等有机肥为主，在酸性土壤上可施用石灰和灰肥，施用化肥中的氮肥，每株用尿素0.135~0.225kg。成林后，每隔2~3年对林地深翻改土一次，春夏结合松土施追肥，适时抚育间伐。

六、培育目标：培育生态经济林，郁闭度达0.7以上，石漠化土地转化为潜在石漠化土地或非石漠化土地，水土流失中度以下。

七、其他：备用树种川黄柏。

八、配置模式如下图所示：

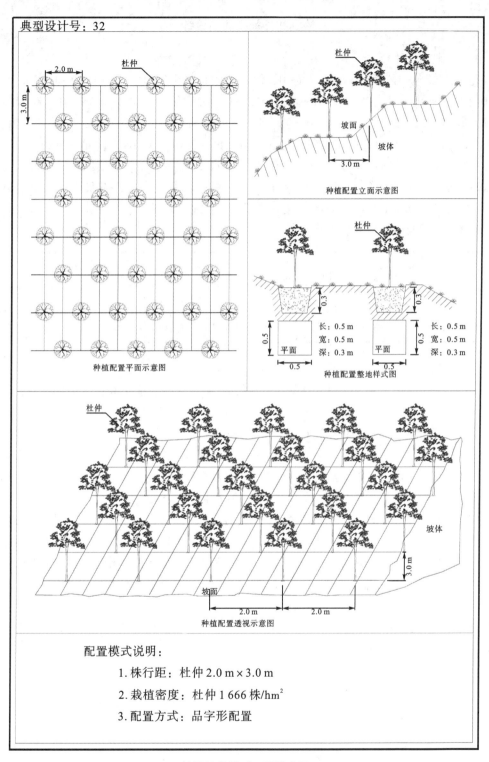

种植配置平面示意图

种植配置立面示意图

种植配置整地样式图

种植配置透视示意图

配置模式说明：

1. 株行距：杜仲 2.0 m × 3.0 m

2. 栽植密度：杜仲 1 666 株/hm²

3. 配置方式：品字形配置

杜仲纯林模型配置模式图

核桃纯林模型典型设计

一、典型设计号：33。

二、适宜立地类型（代号）：Ⅰ-01-01、Ⅰ-02-01、Ⅱ-01-01、Ⅱ-02-01、Ⅱ-03-01、Ⅱ-04-01、Ⅱ-05-01、Ⅱ-06-01、Ⅱ-07-01、Ⅱ-08-01、Ⅱ-09-01、Ⅲ-01-01、Ⅲ-02-01、Ⅲ-03-01、Ⅲ-04-01、Ⅲ-05-01、Ⅲ-06-01、Ⅳ-01-01、Ⅳ-02-01、Ⅳ-03-01、Ⅳ-04-01、Ⅳ-05-01、Ⅳ-06-01、Ⅳ-07-01、Ⅳ-08-01、Ⅳ-09-01。

三、造林地特征：中山、低山、丘陵区，海拔 2 000m 以下，坡度<25°，阳坡和背风处栽植；黄壤、黄色石灰土、红色石灰土、棕色石灰土、黑色石灰土，土层厚≥40cm；基岩裸露度<50%，轻度、中度石漠化土地；地类为坡耕地。

四、树种及配置如下表所示：

造林树种	混交		栽植穴配置方式	株行距（m）	栽植密度（株/hm²）	造林方式	苗木类别及规格			
	方式	比例					类别	苗龄（年）>	地径（cm）>	苗高（cm）>
核桃	纯林		品字形	4×5	500	植苗造林	嫁接苗	1(2)~1	1.0	35

五、造林技术：

（1）整地：栽植前 1 个月穴状整地，规格 80×80×60cm，表土和生土分别堆放，捡出土中石块。

（2）栽植：春、秋季植苗造林，春季在发芽前栽植；秋季在落叶后栽植。栽植时，先将熟土和基肥（农家肥25kg、磷肥1~2kg）混合后填入穴底，将苗木植入穴中，根系伸展，将细松土填入，填土至半穴时，用手将苗木轻轻向上提一下，使根系与土壤密切接触，分层踏实，填土至八成时浇水，水渗透完后再用干土覆盖成树盘。

（3）栽后管理：幼树冬季要注意防冻害。经常松土、除草，加强水肥管理。一般在9月下旬至10上旬采用环形沟施基肥（腐熟人畜粪、土杂肥、腐熟饼肥等有机肥料为主，每棵成树施15~20kg）；次年在萌芽前、盛花期及果期分3次施追肥（硝酸磷钾肥0.8~1kg）。生长期应进行修枝，干高保持在3m以上。落叶后不可剪枝，否则易造成伤流，影响树木长势。加强病虫害防治。

六、培育目标：培育经济林，郁闭度达0.7以上，石漠化土地转化为潜在石漠化土地或非石漠化土地，水土流失中度以下。

七、其他：

八、配置模式如下图所示：

典型设计号：33

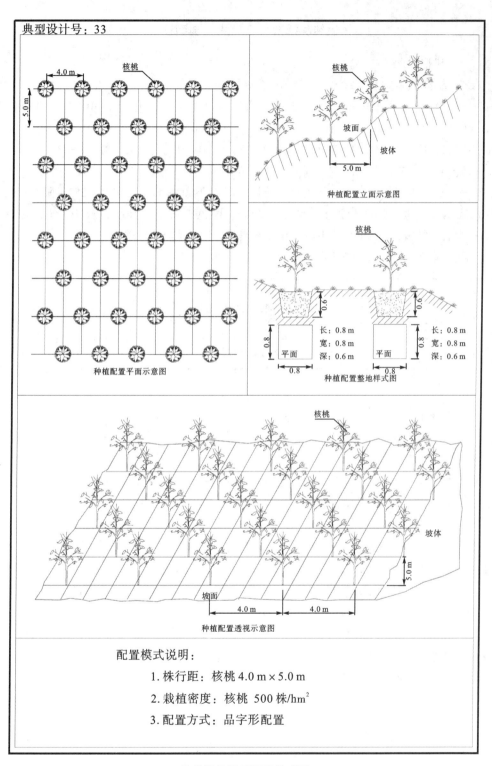

核桃

4.0 m

5.0 m

种植配置平面示意图

核桃

坡面

坡体

5.0 m

种植配置立面示意图

核桃

0.6

0.6

0.8

长：0.8 m
宽：0.8 m
深：0.6 m

平面

0.8

0.8

长：0.8 m
宽：0.8 m
深：0.6 m

平面

0.8

种植配置整地样式图

核桃

坡体

5.0 m

坡面

4.0 m

4.0 m

种植配置透视示意图

配置模式说明：

1. 株行距：核桃 4.0 m×5.0 m

2. 栽植密度：核桃 500 株/hm²

3. 配置方式：品字形配置

核桃纯林模型配置模式图

核桃纯林模型（自然式）典型设计

一、典型设计号：34。

二、适宜立地类型（代号）：Ⅰ-01-03、Ⅰ-02-03、Ⅱ-01-03、Ⅱ-01-04、Ⅱ-02-03、Ⅱ-02-04、Ⅱ-03-03、Ⅱ-03-04、Ⅱ-04-03、Ⅱ-05-03、Ⅱ-06-03、Ⅱ-07-03、Ⅱ-08-03、Ⅱ-09-03、Ⅲ-01-03、Ⅲ-01-04、Ⅲ-02-03、Ⅲ-02-04、Ⅲ-03-03、Ⅲ-03-04、Ⅲ-04-03、Ⅲ-05-03、Ⅲ-06-03、Ⅳ-01-03、Ⅳ-01-04、Ⅳ-02-03、Ⅳ-02-04、Ⅳ-03-03、Ⅳ-03-04、Ⅳ-04-03、Ⅳ-05-03、Ⅳ-06-03。

三、造林地特征：中山、低山、丘陵区，海拔2 000m以下，坡度<25°，阳坡和背风处栽植；黄壤、黄色石灰土、红色石灰土、棕色石灰土、黑色石灰土，土层厚≥30cm；基岩裸露度50~69%，中度、重度石漠化土地；地类为坡耕地。

四、树种及配置如下表所示：

造林树种	混交		栽植穴配置方式	株行距（m）	栽植密度（株/hm²）	造林方式	苗木类别及规格			
	方式	比例					类别	苗龄（年）>	地径（cm）>	苗高（cm）>
核桃	纯林		自然式		>250	植苗造林	嫁接苗	1(2)~1	1.0	35

五、造林技术：

（1）整地：穴状整地，规格80×80×60cm，表土和生土分别堆放，捡出土中石块。

（2）栽植：春、秋季植苗造林，春季在发芽前栽植，秋季在落叶后栽植。栽植时，先将熟土和基肥（农家肥25kg、磷肥1~2kg）混合后填入穴底，将苗木植入穴中，根系伸展，填入细松土，填土至半穴时，用手将苗木轻轻向上提一下，使根系与土壤密切接触，分层踏实，填土至八成时浇水，水渗透完后用干土覆盖成树盘。

（3）栽后管理：幼树冬季要注意防冻害。经常松土、除草，加强水肥管理。一般在9月下旬至10上旬采用环形沟施基肥（腐熟人畜粪、土杂肥、腐熟饼肥等有机肥料为主，每棵成树施15~20kg），次年在萌芽前、盛花期及果期分3次施追肥（每次硝酸磷钾肥0.8~1kg）。生长期应进行修枝，干高保持在3m以上。落叶后不可剪枝，否则易造成伤流，影响树木长势。注意病虫害防治。

六、培育目标：培育经济林，郁闭度达0.5以上，石漠化土地转化为轻度、潜在石漠化土地或非石漠化土地，水土流失中度以下。

七、配置模式如下图所示：

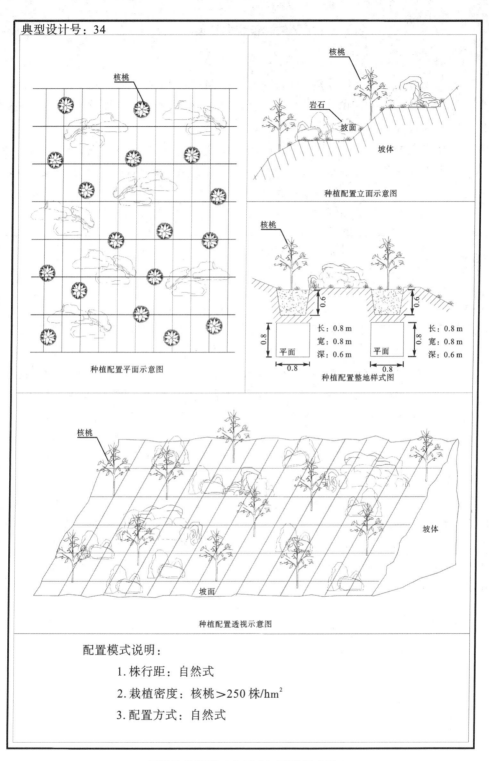

核桃

种植配置平面示意图

核桃

岩石
坡面
坡体

种植配置立面示意图

核桃

0.6

长：0.8 m
宽：0.8 m
深：0.6 m

0.8

平面

0.8

0.6

长：0.8 m
宽：0.8 m
深：0.6 m

0.8

平面

0.8

种植配置整地样式图

核桃

坡体

坡面

种植配置透视示意图

配置模式说明：

　　1. 株行距：自然式

　　2. 栽植密度：核桃＞250 株/hm²

　　3. 配置方式：自然式

核桃纯林模型（自然式）配置模式图

板栗纯林模型典型设计

一、典型设计号：35。

二、适宜立地类型（代号）：Ⅱ-01-01、Ⅱ-04-01、Ⅱ-07-01、Ⅲ-01-01、Ⅲ-03-01、Ⅲ-05-01、Ⅳ-01-01、Ⅳ-02-01、Ⅳ-03-01、Ⅳ-04-01、Ⅳ-05-01、Ⅳ-06-01、Ⅳ-07-01、Ⅳ-08-01、Ⅳ-09-01。

三、造林地特征：中山、低山、丘陵区，海拔2 000m以下，坡度<25°；阳坡、半阳坡、半阴坡；黄壤、棕色石灰土、红色石灰土，土层厚≥40cm；基岩裸露度<50%，轻度、中度石漠化土地；地类为坡耕地。

四、树种及配置如下表所示：

造林树种	混交		栽植穴配置方式	株行距（m）	栽植密度（株/hm²）	造林方式	苗木类别及规格			
	方式	比例					类别	苗龄（年）>	地径（cm）>	苗高（cm）>
板栗	纯林		品字形	4×4	625	植苗造林	嫁接苗	1(2)~2	0.8	80

五、造林技术：

（1）整地：穴状整地，规格60×60×40cm，表土和生土分别堆放，捡出土中石块。

（2）栽植：秋、春季植苗造林，春季在发芽前栽植，秋季在落叶后栽植。按不低于10%比例配置授粉树。栽植时，先将熟土和基肥（农家肥20~50kg）混合后填入穴底，将苗木植入穴中，根系伸展，将细松土填入，填土5cm厚，用手将苗木轻轻向上提一下，用脚踏实或镐头捣实，使根系舒展并与土壤密切接触，填土至八成时浇足定根水，水渗透完后用干土覆盖成树盘，栽植深度以超过苗木原土位3cm左右为宜。

（3）栽后管理：每年及时松土、除草，并在秋冬季围绕树干1.5m范围内进行深挖块状抚育。加强水肥管理，结合秋冬季深挖施以土杂肥为主的基肥20kg，以改良土壤，提高土壤的保肥保水能力；在早春、夏季施以速效氮肥为主，配合磷、钾肥追肥，以保持土壤周年不缺养分为宜。适时整形修枝，幼树在于培养树冠；挂果后重点培育结果枝和更新预备枝条，注意疏除细弱枝、病虫枝。

六、培育目标：培育经济林，郁闭度达0.7以上，石漠化土地转化为潜在石漠化土地或非石漠化土地，水土流失中度以下。

七、配置模式如下图所示：

典型设计号：35

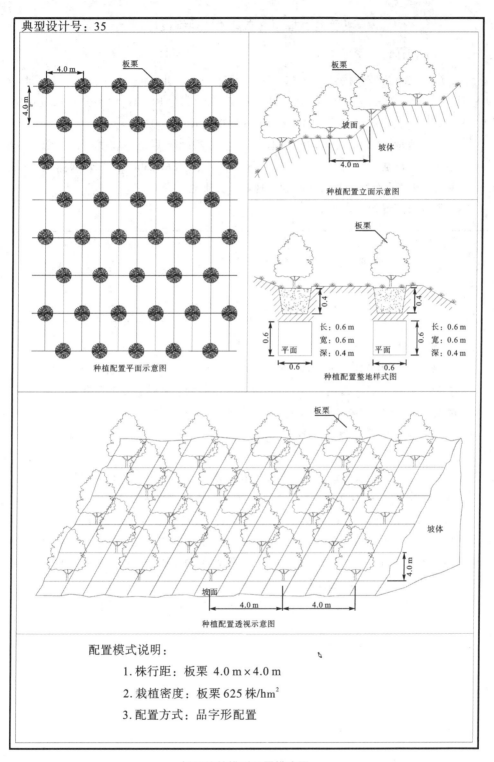

板栗纯林模型配置模式图

配置模式说明：

    1.株行距：板栗 4.0 m×4.0 m

    2.栽植密度：板栗 625 株/hm²

    3.配置方式：品字形配置

板栗纯林模型（自然式）典型设计

一、典型设计号：36。

二、适宜立地类型（代号）：Ⅱ-01-03、Ⅱ-01-04、Ⅱ-04-03、Ⅱ-07-03、Ⅲ-01-03、Ⅲ-01-04、Ⅲ-03-03、Ⅲ-05-03、Ⅳ-01-03、Ⅳ-01-04、Ⅳ-02-03、Ⅳ-02-04、Ⅳ-03-03、Ⅳ-03-04、Ⅳ-04-03、Ⅳ-05-03、Ⅳ-06-03。

三、造林地特征：中山、低山、丘陵区，海拔2 000m以下，坡度<25°；阳坡、半阳坡、半阴坡；黄壤、棕色石灰土、红色石灰土，土层厚≥30cm；基岩裸露度50%~69%，中度、重度石漠化土地；地类为宜林地、坡耕地。

四、树种及配置如下表所示：

造林树种	混交		栽植穴配置方式	株行距（m）	栽植密度（株/hm²）	造林方式	苗木类别及规格			
	方式	比例					类别	苗龄（年）>	地径（cm）>	苗高（cm）>
板栗	纯林		自然式		>313	植苗造林	嫁接苗	1(2)~2	0.8	80

五、造林技术：

（1）整地：穴状整地，规格60×60×40cm，表土和生土分别堆放，捡出土中石块。

（2）栽植：秋、春季植苗造林，春季在发芽前栽植；秋季在落叶后栽植。按不低于10%比例配置授粉树。栽植时，先将熟土和基肥（农家肥20~50kg）混合后填入穴底，将苗木植入穴中，根系伸展，将细松土填入，填土5cm厚，用手将苗木轻轻向上提一下，用脚踏实或镐头捣实，使根系舒展并与土壤密切接触，填土至八成时浇足定根水，水渗透完后用干土覆盖成树盘，栽植深度以超过苗木原土位3cm左右为宜。

（3）栽后管理：每年及时松土、除草，并在秋冬季围绕树干1.5m范围内进行深挖块状抚育。加强水肥管理，结合秋冬季深挖施以土杂肥为主的基肥20kg，以改良土壤，提高土壤的保肥保水能力；在早春、夏季施以速效氮肥为主、配合磷、钾肥追肥，以保持土壤周年不缺养分为宜。适时整形修枝，幼树在于培养树冠；挂果后重点培育结果枝和更新预备枝条，注意疏除细弱枝、病虫枝。

六、培育目标：培育经济林，郁闭度达0.5以上，石漠化土地转化为潜在石漠化土地或非石漠化土地，水土流失中度以下。

七、配置模式如下图所示：

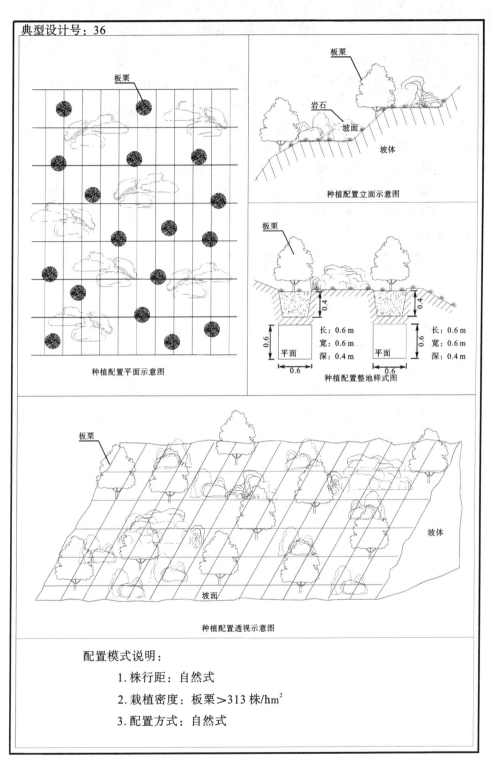

典型设计号：36

板栗

种植配置平面示意图

板栗
岩石
坡面
坡体

种植配置立面示意图

板栗

长：0.6 m
宽：0.6 m
深：0.4 m
平面
0.6
0.6

长：0.6 m
宽：0.6 m
深：0.4 m
平面
0.6
0.6

种植配置整地样式图

板栗

坡体
坡面

种植配置透视示意图

配置模式说明：

    1. 株行距：自然式

    2. 栽植密度：板栗＞313 株/hm²

    3. 配置方式：自然式

板栗纯林模型（自然式）配置模式图

李纯林模型典型设计

一、典型设计号：37。

二、适宜立地类型（代号）：Ⅰ-01-01、Ⅰ-02-01、Ⅱ-01-01、Ⅱ-02-01、Ⅱ-04-01、Ⅱ-05-01、Ⅱ-07-01、Ⅱ-08-01、Ⅲ-01-01、Ⅲ-02-01、Ⅲ-03-01、Ⅲ-04-01、Ⅲ-05-01、Ⅲ-06-01、Ⅳ-01-01、Ⅳ-02-01、Ⅳ-03-01、Ⅳ-04-01、Ⅳ-05-01、Ⅳ-06-01、Ⅳ-07-01、Ⅳ-08-01、Ⅳ-09-01。

三、造林地特征：中山、低山、丘陵区，海拔1 600m以下，坡度<25°；黄壤、黄色石灰土、棕色石灰土、红色石灰土，土层厚≥40cm；基岩裸露度<50%，轻度、中度石漠化土地；地类为宜林地、坡耕地。

四、树种及配置如下表所示：

造林树种	混交		栽植穴配置方式	株行距（m）	栽植密度（株/hm²）	造林方式	苗木类别及规格			
	方式	比例					类别	苗龄（年）	地径（cm）>	苗高（cm）>
李	纯林		品字形	4×4	625	植苗造林	嫁接苗	2~1	1.1	40

五、造林技术：

（1）整地：穴状整地，规格50×50×30cm，表土和生土分别堆放，捡出土中石块。

（2）栽植：春季植苗造林，在新芽未萌发前选阴天或雨后晴天栽植为佳。随起随栽，苗正根伸，分层填土、扶正、压实，浇足定根水。栽植时先回填表土，再回填心土，土要打细，踩紧踏实。栽植深度与苗木在圃地时深度相同，嫁接口要高出地面。在苗木四周修筑直径1m的树盘，随后灌足水，待水完全下渗后在树盘内盖地膜保墒。

（3）栽后管理：首先根据干高要求修剪定干，视墒情及时灌水。适时施肥、整形修剪，加强病虫害防治。

六、培育目标：培育经济林，郁闭度达0.7以上，石漠化土地转化为潜在石漠化土地或非石漠化土地，水土流失中度以下。

七、配置模式如下图所示：

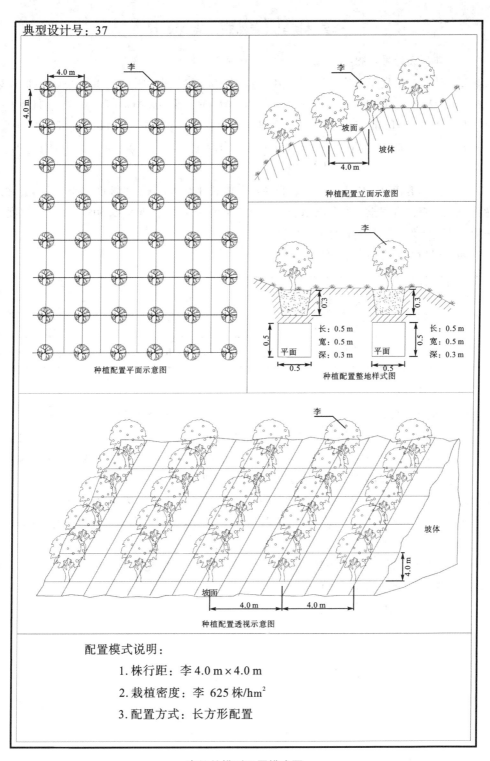

典型设计号：37

种植配置立面示意图

种植配置平面示意图

种植配置整地样式图

长：0.5 m
宽：0.5 m
深：0.3 m

长：0.5 m
宽：0.5 m
深：0.3 m

种植配置透视示意图

配置模式说明：
1. 株行距：李 4.0 m × 4.0 m
2. 栽植密度：李 625 株/hm²
3. 配置方式：长方形配置

李纯林模型配置模式图

李纯林模型（自然式）典型设计

一、典型设计号：38。

二、适宜立地类型（代号）：Ⅰ-01-03、Ⅰ-02-03、Ⅱ-01-03、Ⅱ-01-04、Ⅱ-02-03、Ⅱ-02-04、Ⅱ-04-03、Ⅱ-05-03、Ⅱ-07-03、Ⅱ-08-03、Ⅲ-01-03、Ⅲ-01-04、Ⅲ-02-03、Ⅲ-02-04、Ⅲ-03-03、Ⅲ-04-03、Ⅲ-05-03、Ⅲ-06-03、Ⅳ-01-03、Ⅳ-01-04、Ⅳ-02-03、Ⅳ-02-04、Ⅳ-03-03、Ⅳ-03-04、Ⅳ-04-03、Ⅳ-05-03、Ⅳ-06-03。

三、造林地特征：中山、低山、丘陵区，海拔 1 600m 以下，坡度 <25°；黄壤、黄色石灰土、棕色石灰土、红色石灰土，土层厚 ≥30cm；基岩裸露度 50% ~ 69%，中度、重度石漠化土地；地类为宜林地、坡耕地。

四、树种及配置如下表所示：

造林树种	混交		栽植穴配置方式	株行距（m）	栽植密度（株/hm²）	造林方式	苗木类别及规格			
	方式	比例					类别	苗龄（年）	地径（cm）>	苗高（cm）>
李	纯林		自然式		>313	植苗造林	嫁接苗	2~1	1.1	40

五、造林技术：

（1）整地：穴状整地，规格 50×50×30cm，表土和生土分别堆放，捡出土中石块。

（2）栽植：春季植苗造林，在新芽未萌发前选阴天或雨后晴天栽植为佳。随起随栽，苗正根伸，分层填土、扶正、压实，浇足定根水。栽植时先回填表土，再回填心土，土要打细，踩紧踏实。栽植深度与苗木在圃地时深度相同，嫁接口要高出地面。在苗木四周修筑直径 1m 的树盘，随后灌足水，待水完全下渗后在树盘内盖地膜保墒。

（3）栽后管理：首先根据干高要求修剪定干，视墒情及时灌水。适时施肥、整形修剪，加强病虫害防治等。

六、培育目标：培育经济林，郁闭度达 0.5 以上，石漠化土地转化为潜在石漠化土地或非石漠化土地，水土流失中度以下。

七、配置模式如下图所示：

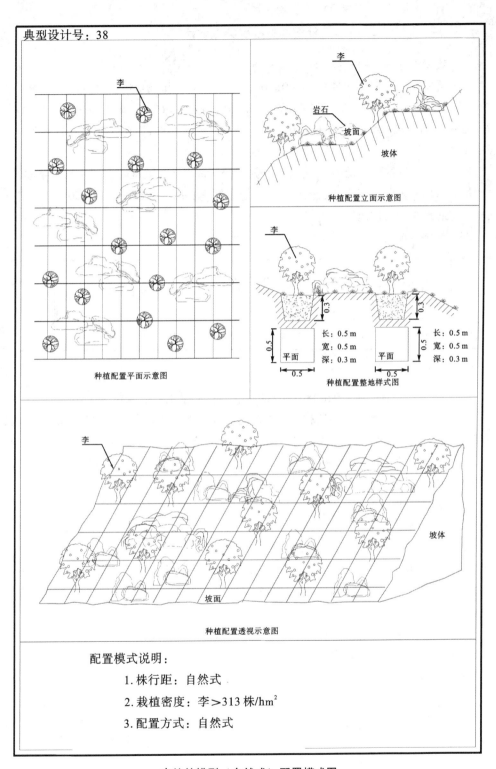

种植配置平面示意图

种植配置立面示意图

种植配置整地样式图

长：0.5 m
宽：0.5 m
深：0.3 m

长：0.5 m
宽：0.5 m
深：0.3 m

种植配置透视示意图

配置模式说明：

1. 株行距：自然式

2. 栽植密度：李＞313 株/hm²

3. 配置方式：自然式

李纯林模型（自然式）配置模式图

枇杷纯林模型典型设计

一、典型设计号：39。

二、适宜立地类型（代号）：Ⅰ-01-01、Ⅰ-02-01、Ⅱ-01-01、Ⅱ-02-01、Ⅱ-04-01、Ⅱ-05-01、Ⅱ-07-01、Ⅱ-08-01、Ⅲ-01-01、Ⅲ-02-01、Ⅲ-03-01、Ⅲ-04-01、Ⅲ-05-01、Ⅲ-06-01、Ⅳ-01-01、Ⅳ-02-01、Ⅳ-04-01、Ⅳ-05-01、Ⅳ-07-01、Ⅳ-08-01。

三、造林地特征：中低山、丘陵区，海拔1 500m以下，坡度<25°；阳坡、半阳坡、半阴坡；黄壤、黄色石灰土、红色石灰土，土层厚≥40cm；基岩裸露度<50%，轻度石漠化土地；地类为坡耕地等。

四、树种及配置如下表所示：

造林树种	混交		栽植穴配置方式	株行距（m）	栽植密度（株/hm²）	造林方式	苗木类别及规格			
	方式	比例					类别	苗龄（年）	地径（cm）>	苗高（cm）>
枇杷	纯林		品字形	4×4	625	植苗造林	嫁接苗	1(2)~0	0.7	

五、造林技术：

（1）整地：穴状整地，规格80×80×60cm，表土和生土分别堆放，捡出土中石块。

（2）栽植：春、秋季植苗造林，春季在发芽前栽植。栽植时，先将熟土和基肥（农家肥30~50kg）混合后填入穴底，将苗木植入穴中，根系伸展，将细松土填入，填土至半穴时，用手将苗木轻轻向上提一下，使根系与土壤密切接触，分层踏实，填土至八成时浇足定根水，水渗透完后用干土覆盖成树盘。

（3）栽后管理：常松土、除草，加强水肥管理。栽后的第1年内，要做到薄肥勤施，以保持土壤周年不缺养分为宜。挂果后一般在9月下旬至10上旬采用环形沟施基肥（腐熟人畜粪、土杂肥、腐熟饼肥等有机肥料为主，每棵成树施15~20kg），次年在萌芽前、盛花期及果期分3次施追肥（硝酸磷钾肥0.8~1kg）。适时整形修枝，幼树在于培养树冠，挂果后侧重结果母枝和结果枝的培养与更新，合理留枝、通风透光，使养分集中。

六、培育目标：培育经济林，郁闭度达0.7以上，石漠化土地转化为潜在石漠化土地或非石漠化土地，水土流失中度以下。

七、其他：黄果柑。

八、配置模式如下图所示：

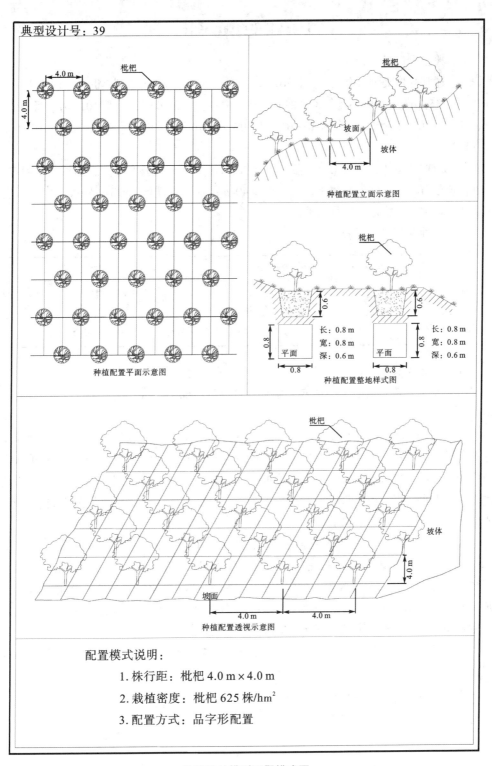

种植配置平面示意图

种植配置立面示意图

种植配置整地样式图

种植配置透视示意图

配置模式说明：

1. 株行距：枇杷 4.0 m × 4.0 m

2. 栽植密度：枇杷 625 株/hm²

3. 配置方式：品字形配置

枇杷纯林模型配置模式图

花椒纯林模型典型设计

一、典型设计号：40。

二、适宜立地类型（代号）：Ⅰ-01-01、Ⅰ-02-01、Ⅱ-01-01、Ⅱ-02-01、Ⅱ-04-01、Ⅱ-05-01、Ⅱ-07-01、Ⅱ-08-01、Ⅲ-01-01、Ⅲ-02-01、Ⅲ-03-01、Ⅲ-04-01、Ⅲ-05-01、Ⅲ-06-01、Ⅳ-01-01、Ⅳ-02-01、Ⅳ-04-01、Ⅳ-05-01、Ⅳ-07-01、Ⅳ-08-01。

三、造林地特征：中低山、丘陵区，海拔 2 000m 以下，坡度<35°；阳坡、半阳坡；黄壤，黄色石灰土、红色石灰土，土层厚≥40cm；基岩裸露度<50%，轻度、中度石漠化土地；地类为坡耕地、宜林荒地。

四、树种及配置如下表所示：

造林树种	混交		栽植穴配置方式	株行距（m）	栽植密度（株/hm²）	造林方式	苗木类别及规格			
	方式	比例					类别	苗龄（年）	地径（cm）>	苗高（cm）>
花椒	纯林		品字形	2×2	2 500	植苗造林	裸根苗	2~0	0.5	45

五、造林技术：

（1）整地：造林前沿等高线穴状整地，规格 60×60×40cm，表土和生土分别堆放，捡出土中石块。

（2）栽植：冬、春季植苗造林，春栽宜在椒苗芽苞开始萌动时进行；冬栽在晚秋至立冬期进行。造林时先将熟土和基肥（腐熟的厩肥及堆肥 10~20kg）充分混合后填入栽植穴的中下部，将苗木植入穴中，根系伸展，将细松土填入，填土到半穴时，用手将苗木轻轻向上提一下，使根系舒展，并和土壤密切接触，分层踏实，填土至八成时浇水，水渗透完后用干土覆盖成树盘。

（3）栽后管理：幼树冬季注意防冻害，如可采用培土堆、涂白、裹草等方法防冻。每年春、夏、秋三季各进行一次松土、除草，春季可浅锄，秋季花椒采收，落叶后的松土要适当加深，以不伤根为限。加强水肥管理，每年早春和秋季各施一次肥，以人粪尿、磷肥、氮肥、饼肥等有机肥为主。适时整形修剪，对主枝和侧枝的枝头进行短截，疏密弱留强壮，使树冠内枝组健壮、均衡、通风透光。

六、培育目标：培育生态经济林，郁闭度达 0.7 以上，石漠化土地转化为潜在石漠化土地或非石漠化土地，水土流失中度以下。

七、其他：备用树种青花椒。

八、配置模式如下图所示：

典型设计号：40

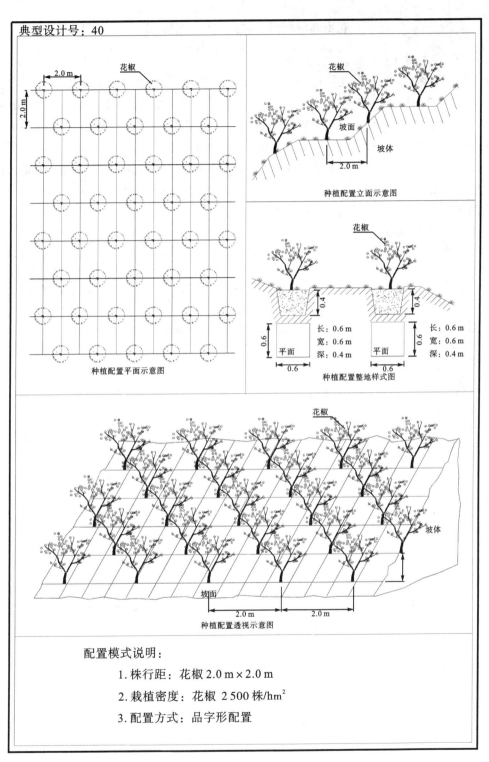

种植配置平面示意图

种植配置立面示意图

种植配置整地样式图

种植配置透视示意图

配置模式说明：

1. 株行距：花椒 2.0 m×2.0 m

2. 栽植密度：花椒 2 500 株/hm²

3. 配置方式：品字形配置

花椒纯林模型配置模式图

花椒纯林模型（自然式）典型设计

一、典型设计号：41。

二、适宜立地类型（代号）：Ⅰ-01-03、Ⅰ-02-03、Ⅱ-01-03、Ⅱ-01-04、Ⅱ-02-03、Ⅱ-02-04、Ⅱ-04-03、Ⅱ-05-03、Ⅱ-07-03、Ⅱ-08-03、Ⅲ-01-03、Ⅲ-01-04、Ⅲ-02-03、Ⅲ-02-04、Ⅲ-03-03、Ⅲ-04-03、Ⅲ-05-03、Ⅲ-06-03、Ⅳ-01-03、Ⅳ-01-04、Ⅳ-02-03、Ⅳ-02-04、Ⅳ-04-03、Ⅳ-05-03。

三、造林地特征：中低山、丘陵区，海拔 2 000m 以下，坡度<35°；阳坡、半阳坡；黄壤、黄色石灰土、红色石灰土，土层厚≥40cm；基岩裸露度 50%～69%，中度、重度石漠化土地；地类为坡耕地、宜林荒地等。

四、树种及配置如下表所示：

造林树种	混交		栽植穴配置方式	株行距（m）	栽植密度（株/hm²）	造林方式	苗木类别及规格			
	方式	比例					类别	苗龄（年）	地径（cm）>	苗高（cm）>
花椒	纯林		自然式		>1 250	植苗造林	裸根苗	2～0	0.5	45

五、造林技术：

（1）整地：造林前沿等高线穴状整地，规格 60×60×40cm，表土和生土分别堆放，捡出土中石块。

（2）栽植：冬、春季植苗造林，春栽宜在椒苗芽苞开始萌动时进行；冬栽在晚秋至立冬期进行。造林时先将熟土和基肥（腐熟的厩肥及堆肥 10～20kg）充分混合后填入栽植穴的中下部，将苗木植入穴中，根系伸展，将细松土填入，填土到半穴时，用手将苗木轻轻向上提一下，使根系与土壤密切接触，分层踏实，填土至八成时浇水，水渗透完后用干土覆盖成树盘。

（3）栽后管理：幼树冬季注意防冻害，如可采用培土堆、涂白、裹草等方法防冻。每年春、夏、秋三季各进行一次松土、除草，春季可浅锄，秋季花椒采收，落叶后的松土要适当加深，以不伤根为限。加强水肥管理，每年早春和秋季各施一次肥，以人粪尿、磷肥、氮肥、饼肥等有机肥为主。适时整形修剪，对主枝和侧枝的枝头进行短截，疏密弱留强壮，使树冠内枝组健壮、均衡、通风透光。

六、培育目标：培育生态经济林，郁闭度达 0.5 以上，石漠化土地转化为潜在石漠化土地或非石漠化土地，水土流失中度以下。

七、其他：备用树种青花椒。

八、配置模式如下图所示：

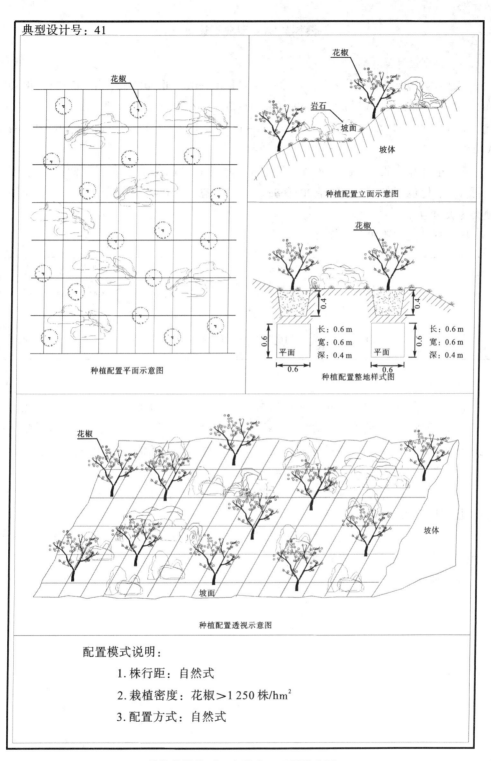

种植配置立面示意图

种植配置平面示意图

种植配置整地样式图

种植配置透视示意图

花椒纯林模型（自然式）配置模式图

配置模式说明：
1. 株行距：自然式
2. 栽植密度：花椒＞1 250 株/hm²
3. 配置方式：自然式

桑树纯林模型典型设计

一、典型设计号：42。

二、适宜立地类型（代号）：Ⅰ-01-02、Ⅰ-02-02、Ⅱ-01-02、Ⅱ-02-02、Ⅱ-04-02、Ⅱ-05-02、Ⅱ-07-02、Ⅱ-08-02、Ⅲ-01-02、Ⅲ-02-02、Ⅲ-03-02、Ⅲ-04-02、Ⅲ-05-02、Ⅲ-06-02、Ⅳ-01-02、Ⅳ-03-02、Ⅳ-04-02、Ⅳ-06-02、Ⅳ-07-02、Ⅳ-09-02。

三、造林地特征：中山、低山、丘陵区，海拔1 500m以下，坡度<25°；黄壤、黄色石灰土、棕色石灰土，土层厚20~39cm；基岩裸露度<50%，轻度、中度石漠化土地；地类为坡耕地。

四、树种及配置如下表所示：

造林树种	混交		栽植穴配置方式	株行距（m）	栽植密度（株/hm²）	造林方式	苗木类别及规格			
	方式	比例					类别	苗龄（年）	地径（cm）>	苗高（cm）>
桑树	纯林		宽窄行	2×0.5×0.5	16 000	植苗造林	裸根苗	1~0	0.4	40

五、造林技术：

（1）整地：穴状整地，规格30×30×20cm，表土和生土分别堆放，捡出土中石块。

（2）栽植：春、秋季植苗造林，春季在发芽前栽植；秋季在落叶后栽植。栽前，先把过长或破皮的根剪去，栽植时苗木要正，根系舒展，栽植时先回填表土，再回填心土，土要打细，踩紧踏实。一般填没苗茎1~2芽。

（3）栽后管理：首先根据干高要求修剪定干，视墒情及时浇水。适时施肥、整形修剪，加强病虫害防治。

六、培育目标：培育经济林，郁闭度达0.6以上，石漠化土地转化为潜在石漠化土地或非石漠化土地，水土流失中度以下。

七、配置模式如下图所示：

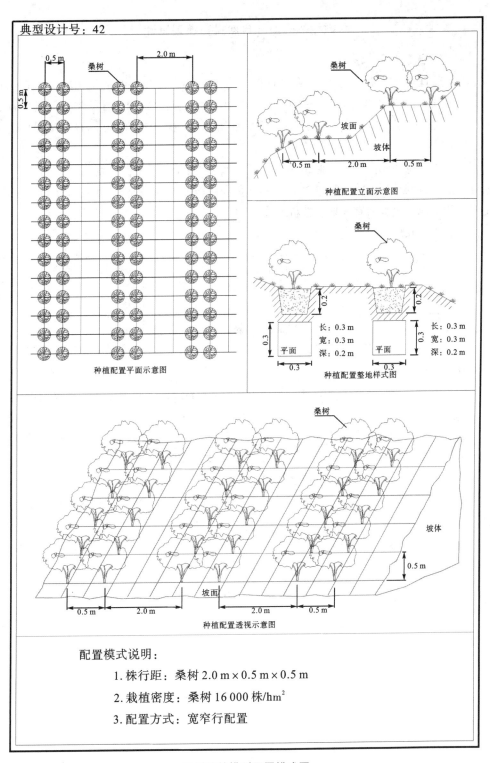

典型设计号：42

桑树

0.5 m

2.0 m

0.5 m

桑树

种植配置平面示意图

种植配置立面示意图

桑树

坡面

坡体

0.5 m

2.0 m

0.5 m

桑树

0.2

0.2

长：0.3 m
宽：0.3 m
深：0.2 m

长：0.3 m
宽：0.3 m
深：0.2 m

0.3

0.3

平面

平面

0.3

0.3

种植配置整地样式图

桑树

坡体

坡面

0.5 m

0.5 m

2.0 m

2.0 m

0.5 m

种植配置透视示意图

配置模式说明：

1. 株行距：桑树 2.0 m × 0.5 m × 0.5 m

2. 栽植密度：桑树 16 000 株/hm²

3. 配置方式：宽窄行配置

桑树纯林模型配置模式图

桑树纯林模型（自然式）典型设计

一、典型设计号：43。

二、适宜立地类型（代号）：Ⅰ-01-03、Ⅰ-02-03、Ⅱ-01-04、Ⅱ-02-04、Ⅱ-04
-03、Ⅱ-05-03、Ⅱ-07-03、Ⅱ-08-03、Ⅲ-01-04、Ⅲ-02-04、Ⅲ-03-03、Ⅲ-04-
03、Ⅲ-05-03、Ⅲ-06-03、Ⅳ-01-04、Ⅳ-03-04、Ⅳ-04-03、Ⅳ-06-03、Ⅳ-07-03、
Ⅳ-09-03。

三、造林地特征：中山、低山、丘陵区，海拔1 200m以下，坡度<25°；黄壤、黄
色石灰土、棕色石灰土，土层厚20~39cm；基岩裸露度50%~69%，中度、重度、极重
度石漠化土地；地类为宜林地、坡耕地等。

四、树种及配置如下表所示：

造林树种	混交		栽植穴配置方式	株行距（m）	栽植密度（株/hm²）	造林方式	苗木类别及规格			
	方式	比例					类别	苗龄（年）	地径（cm）>	苗高（cm）>
桑树	纯林		自然式		>8 000	植苗造林	裸根苗	1~0	0.4	40

五、造林技术：

（1）整地：冬、夏季穴状整地，规格30×30×20cm，表土和生土分别堆放，捡出土
中石块。

（2）栽植：春、秋季植苗造林，春季在发芽前栽植；秋季在落叶后栽植。栽前，把
过长或破皮的根剪去，栽植时苗木要正，根系舒展，栽植时先回填表土，再回填心土，
土要打细，踩紧踏实。一般填没苗茎1~2芽。

（3）栽后管理：首先根据干高要求修剪定干，视墒情及时浇水。适时施肥、整形修
剪，加强病虫害防治。

六、培育目标：培育经济林，郁闭度达0.5以上，石漠化土地转化为潜在石漠化土
地或非石漠化土地，水土流失中度以下。

七、配置模式如下图所示：

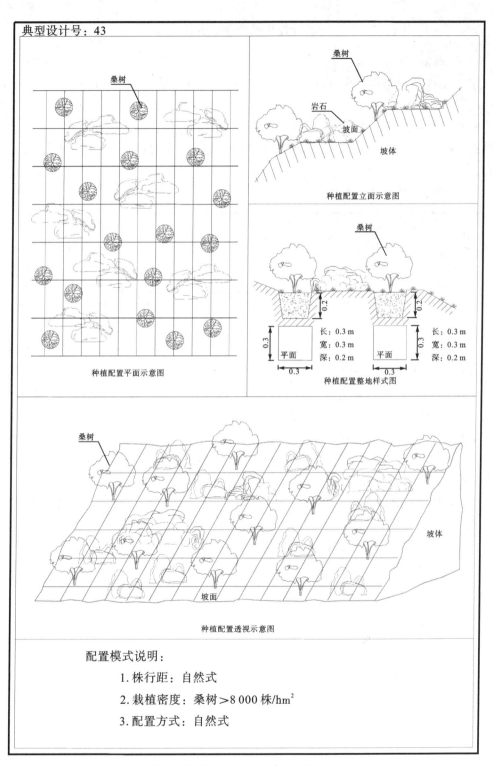

典型设计号：43

桑树

岩石
坡面
坡体

种植配置立面示意图

桑树

0.2

0.2

长：0.3 m
宽：0.3 m
深：0.2 m

长：0.3 m
宽：0.3 m
深：0.2 m

0.3

0.3

平面

平面

0.3

0.3

种植配置整地样式图

桑树

种植配置平面示意图

桑树

坡体

坡面

种植配置透视示意图

配置模式说明：

　　1. 株行距：自然式

　　2. 栽植密度：桑树＞8 000 株/hm²

　　3. 配置方式：自然式

桑树纯林模型（自然式）配置模式图

岩桂纯林模型典型设计

一、典型设计号：44。

二、适宜立地类型（代号）：Ⅱ-02-01、Ⅱ-03-01、Ⅱ-05-01、Ⅱ-06-01、Ⅱ-08-01、Ⅱ-09-01。

三、造林地特征：中低山、丘陵区，海拔1 100m以下，坡度≤35°；黄色石灰土、黑色石灰土，土层厚≥40cm；基岩裸露度<50%，轻度、中度石漠化土地；地类为宜林地、坡耕地。

四、树种及配置如下表所示：

造林树种	混交		栽植穴配置方式	株行距（m）	栽植密度（株/hm²）	造林方式	苗木类别及规格			
	方式	比例					类别	苗龄（年）	地径(cm)>	苗高(cm)>
岩桂	纯林		品字形	1×1.5	6 667	植苗造林	裸根苗	1~0	0.3	30

五、造林技术：

（1）整地：穴状整地，规格40×40×30cm，表土和生土分别堆放，捡出土中石块。严格保护好整地穴周围地块上原有的植被，以减少水土流失。

（2）栽植：春季植苗造林。在新芽未萌发前选阴天或雨后晴天栽植为佳，随起随栽，苗正根伸，适当深栽，细土壅根，分层填土、扶正、压实，浇足定根水。填土稍高过苗木根茎原覆土位置1cm左右为宜。

（3）幼林抚育：连续抚育3年，每年2次，分别在4~5月、8~9月间进行，穴内松土、除草，对严重影响幼树生长的灌木、草本进行刀抚。封育林下灌草。

六、培育目标：培育经济林，郁闭度达0.6以上，石漠化土地转化为潜在石漠化土地或非石漠化土地，水土流失中度以下。

七、配置模式如下图所示：

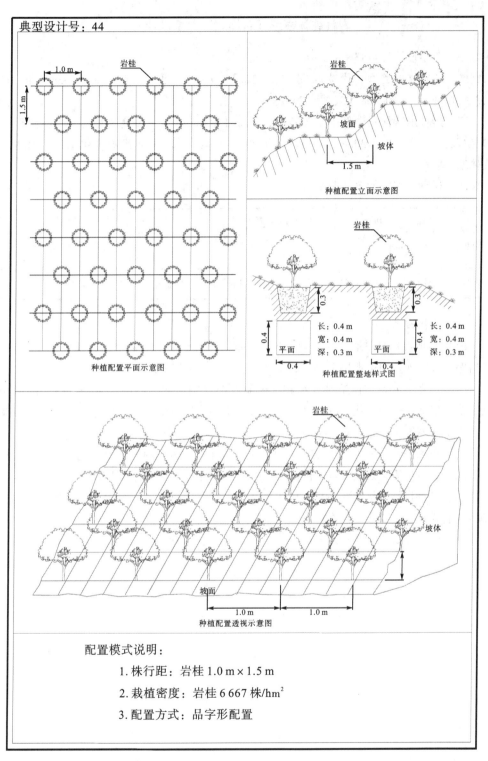

典型设计号：44

种植配置立面示意图

种植配置平面示意图

种植配置整地样式图

长：0.4 m
宽：0.4 m
深：0.3 m

长：0.4 m
宽：0.4 m
深：0.3 m

种植配置透视示意图

配置模式说明：

    1. 株行距：岩桂 1.0 m × 1.5 m

    2. 栽植密度：岩桂 6 667 株/hm²

    3. 配置方式：品字形配置

岩桂纯林模型配置模式图

岩桂纯林模型（自然式）典型设计

一、典型设计号：45。

二、适宜立地类型（代号）：Ⅱ-02-03、Ⅱ-02-04、Ⅱ-03-03、Ⅱ-03-04、Ⅱ-05-03、Ⅱ-06-03、Ⅱ-08-03、Ⅱ-09-03。

三、造林地特征：中低山、丘陵区，海拔1 100m以下，坡度≤35°；黄色石灰土、黑色石灰土，土层厚≥30cm；基岩裸露度50%~69%，中度、重度石漠化土地；地类为宜林地、坡耕地。

四、树种及配置如下表所示：

造林树种	混交		栽植穴配置方式	株行距(m)	栽植密度(株/hm²)	造林方式	苗木类别及规格			
	方式	比例					类别	苗龄(年)	地径(cm) >	苗高(cm) >
岩桂	纯林		自然式		>3 333	植苗造林	裸根苗	1~0	0.3	30

五、造林技术：

（1）整地：穴状整地，规格40×40×30cm，表土和生土分别堆放，捡出土中石块。严格保护好整地穴周围地块上原有的植被，以减少水土流失。

（2）栽植：春季植苗造林，在新芽未萌发前选阴天或雨后晴天栽植为佳，随起随栽，苗正根伸，适当深栽，细土壅根，分层填土、扶正、压实，浇足定根水。填土稍高过苗木根茎原覆土位置1cm左右为宜。

（3）幼林抚育：连续抚育3年，每年2次，分别在4~5月、8~9月间进行，穴内松土、除草，对严重影响幼树生长的灌木、草本进行刀抚。林下封育灌草。

六、培育目标：培育经济林，郁闭度达0.5以上，石漠化土地转化为潜在石漠化土地或非石漠化土地，水土流失中度以下。

七、配置模式如下图所示：

典型设计号：45

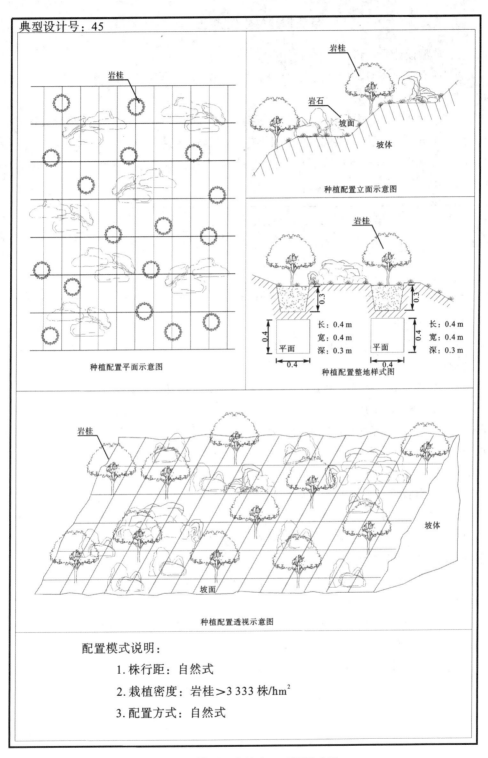

岩桂

种植配置平面示意图

岩桂

岩石
坡面

坡体

种植配置立面示意图

岩桂

0.3

0.3

长：0.4 m
宽：0.4 m
深：0.3 m

平面

0.4

0.4

平面

0.4

0.4

长：0.4 m
宽：0.4 m
深：0.3 m

种植配置整地样式图

岩桂

坡体

坡面

种植配置透视示意图

配置模式说明：

  1. 株行距：自然式

  2. 栽植密度：岩桂＞3 333 株/hm²

  3. 配置方式：自然式

岩桂纯林模型（自然式）配置模式图

麻疯树纯林模型典型设计

一、典型设计号：46。

二、适宜立地类型（代号）：Ⅳ-02-01、Ⅳ-03-01、Ⅳ-05-01、Ⅳ-06-01、Ⅳ-08-01、Ⅳ-09-01。

三、造林地特征：中低山、丘陵区，海拔 1 800m 以下川西南山地干热河谷区，坡度<35°；阳坡、半阳坡和光照条件好的阴坡、半阴坡；红色石灰土、棕色石灰土，土层厚≥40cm；基岩裸露度<50%，轻度、中度石漠化土地；地类为宜林地。

四、树种及配置如下表所示：

造林树种	混交		栽植穴配置方式	株行距（m）	栽植密度（株/hm²）	造林方式	苗木类别及规格			
	方式	比例					类别	苗龄（年）	地径（cm）>	苗高（cm）>
麻疯树	纯林		品字形	2×3	1 666	植苗造林	裸根苗	1~0	1.8	20

五、造林技术：

（1）整地：造林 2 个月前穴状整地，规格 50×50×40cm，表土和生土分别堆放，捡出土中石块。

（2）栽植：秋、春季植苗造林，造林 40 天前，先将熟土和基肥（厩肥 5~10kg）充分混合后填入栽植穴的中下部至穴缘 15cm 处，上部回填土壤。回填土高于种植穴 3~5cm。造林时在回填好的栽植穴上挖穴栽植，穴大小和深度根据苗木确定，要求苗正根伸，适当深栽，细土壅根，分层填土、扶正、压实，浇足定根水。填土稍高过根茎原覆土位置 1cm 左右为宜。

（3）栽后管理：造林后连续抚育 3 年，松土与除草相结合。第 1 次抚育在造林当年 8~9 月秋季进行，第 2、3 年分别在 5 月、8~9 月进行。松土里浅外深，不伤害苗木根系；同时割除穴外影响幼树生长的高密杂灌。加强水肥管理，雨季前、后各施 1 次追肥，雨季前可结合除草每株施氮肥 20~40g，雨季后每株施复合肥 0.1~0.5kg。在植株两侧树冠外缘处开深度不小于 30cm 的环形沟，将肥料施入沟中并填土。造林第 3 年，对幼树进行除蘖、修枝、整形。

六、培育目标：培育生态经济林，郁闭度达 0.7 以上，石漠化土地转化为潜在石漠化土地或非石漠化土地，水土流失中度以下。

七、配置模式如下图所示：

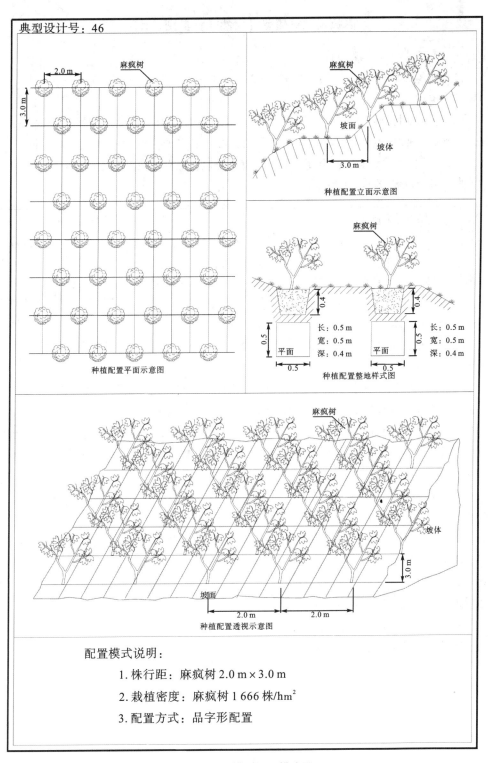

麻疯树

2.0 m

3.0 m

种植配置平面示意图

麻疯树

坡面

坡体

3.0 m

种植配置立面示意图

麻疯树

0.4

0.4

长：0.5 m
宽：0.5 m
深：0.4 m

长：0.5 m
宽：0.5 m
深：0.4 m

0.5

0.5

平面

平面

0.5

0.5

种植配置整地样式图

麻疯树

坡体

坡面

3.0 m

2.0 m

2.0 m

种植配置透视示意图

配置模式说明：

1. 株行距：麻疯树 2.0 m×3.0 m

2. 栽植密度：麻疯树 1 666 株/hm²

3. 配置方式：品字形配置

麻疯树纯林模型配置模式图

麻疯树纯林模型（自然式）典型设计

一、典型设计号：47。

二、适宜立地类型（代号）：Ⅳ-02-03、Ⅳ-02-04、Ⅳ-03-03、Ⅳ-03-04、Ⅳ-05-03、Ⅳ-06-03。

三、造林地特征：中山区，海拔1800m以下川西南山地干热河谷区，坡度<35°；阳坡、半阳坡和光照条件好的阴坡、半阴坡；红色石灰土、棕色石灰土，基岩裸露度50%~69%，土层厚≥30cm；中度、重度石漠化土地；地类为坡耕地、宜林荒地。

四、树种及配置如下表所示：

造林树种	混交		栽植穴配置方式	株行距（m）	栽植密度（株/hm²）	造林方式	苗木类别及规格			
	方式	比例					类别	苗龄（年）	地径(cm) >	苗高(cm) >
麻疯树	纯林		品字形	自然式	>833	植苗造林	裸根苗	1~0	1.8	20

五、造林技术：

（1）整地：造林前2个月穴状整地，规格50×50×40cm，表土和生土分别堆放，捡出土中石块。

（2）栽植：秋、春季植苗造林，造林40天前，先将熟土和基肥（厩肥5~10kg）充分混合后填入栽植穴的中下部至穴缘15cm处，上部回填土壤。回填土高于种植穴3~5cm。造林时在回填好的栽植穴上挖穴栽植，穴大小和深度根据苗木确定，要求苗正根伸，适当深栽，细土壅根，分层填土、扶正、压实，浇足定根水。填土稍高过根茎原覆土位置1cm左右为宜。

（3）栽后管理：造林后连续抚育3年，松土与除草相结合。第1次抚育在造林当年8~9月秋季进行，第2、3年分别在5月、8~9月进行。松土里浅外深，不伤害苗木根系；同时割除穴外影响幼树生长的高密杂灌。加强水肥管理，雨季前、后各施1次追肥，雨季前可结合除草每穴施氮肥20~40g，雨季后每穴施复合肥0.1~0.5kg。在植株两侧树冠外缘处开深度不小于30cm的环形沟，将肥料施入沟中并填土。造林第3年，对幼树进行除蘖、修枝、整形。

六、培育目标：培育生态经济林，郁闭度达0.5以上，石漠化土地转化为潜在石漠化土地或非石漠化土地，水土流失中度以下。

七、配置模式如下图所示：

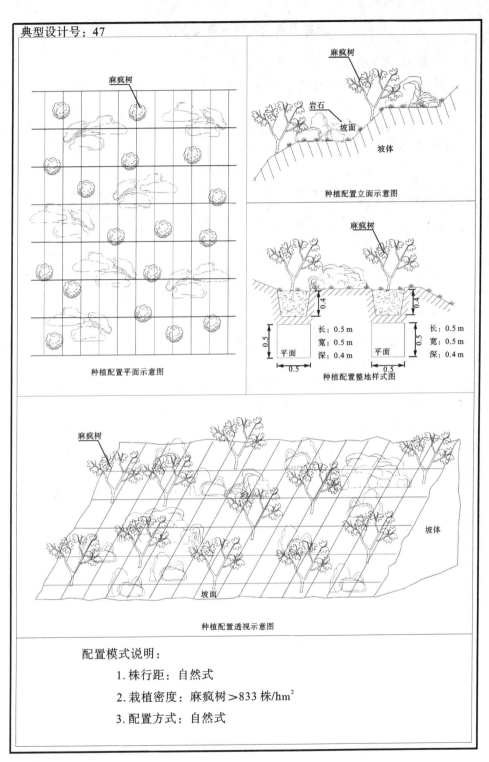

种植配置立面示意图

种植配置整地样式图

长：0.5 m
宽：0.5 m
深：0.4 m

长：0.5 m
宽：0.5 m
深：0.4 m

种植配置平面示意图

种植配置透视示意图

配置模式说明：

1. 株行距：自然式

2. 栽植密度：麻疯树＞833 株/hm²

3. 配置方式：自然式

麻疯树纯林模型（自然式）配置模式图

新银合欢纯林模型典型设计

一、典型设计号：48。

二、适宜立地类型（代号）：Ⅳ-02-02、Ⅳ-03-02、Ⅳ-05-02、Ⅳ-06-02、Ⅳ-08-02、Ⅳ-09-02。

三、造林地特征：中山区，海拔1 500m以下，坡度≤35°；红色石灰土、棕色石灰土，土层厚20~39cm；基岩裸露度<50%，轻度、中度石漠化土地；地类为宜林地。

四、树种及配置如下表所示：

造林树种	混交		栽植穴配置方式	株行距（m）	栽植密度（株/hm²）	造林方式	苗木类别及规格			
	方式	比例					类别	苗龄（年）	地径（cm）>	苗高（cm）>
新银合欢	纯林		品字形	1×1	10 000	植苗造林	裸根苗	0.25~0	0.15	16

五、造林技术：

（1）整地：穴状整地，规格30×30×30cm，表土和生土分别堆放，捡出土中石块。严格保护好整地穴周围地块上原有的植被，以减少水土流失。

（2）栽植：5~6月雨季造林，随起随栽，苗正根伸，适当深栽，细土壅根，分层填土、扶正、压实，浇足定根水。填土稍高过根茎原覆土位置1cm左右为宜。

（3）幼林抚育：连续抚育2年，第1年1次，8~9月进行；第2年2次，4~5月、8~9月进行。穴内除草、松土、培土，对严重影响幼树生长的灌木、草本进行刀抚。封育林下灌草。

六、培育目标：覆盖度达70%以上，石漠化土地转化为潜在石漠化土地或非石漠化土地，水土流失轻度以下。

七、配置模式如下图所示：

典型设计号：48

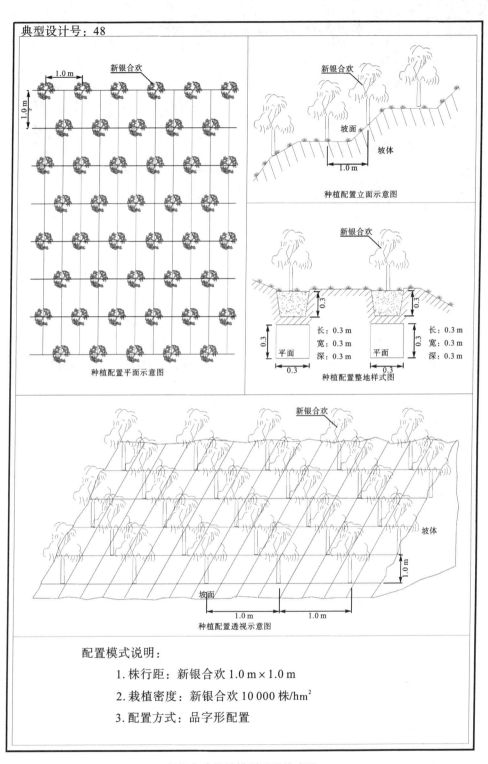

种植配置平面示意图

新银合欢

种植配置立面示意图

坡面
坡体
1.0 m

新银合欢

种植配置整地样式图

新银合欢

长：0.3 m
宽：0.3 m
深：0.3 m

长：0.3 m
宽：0.3 m
深：0.3 m

平面

平面

新银合欢

种植配置透视示意图

坡体
坡面
1.0 m
1.0 m
1.0 m

配置模式说明：

　　1. 株行距：新银合欢 1.0 m×1.0 m

　　2. 栽植密度：新银合欢 10 000 株/hm²

　　3. 配置方式：品字形配置

新银合欢纯林模型配置模式图

新银合欢纯林模型（自然式）典型设计

一、典型设计号：49。

二、适宜立地类型（代号）：Ⅳ-02-04、Ⅳ-03-04、Ⅳ-05-03、Ⅳ-06-03。

三、造林地特征：中山区，海拔 1 500m 以下，坡度≤35°；棕色石灰土、红色石灰土，土层厚 20~39cm；基岩裸露度 50%~69%，中度、重度石漠化土地；地类为宜林地。

四、树种及配置如下表所示：

造林树种	混交		栽植穴配置方式	株行距（m）	栽植密度（株/hm²）	造林方式	苗木类别及规格			
	方式	比例					类别	苗龄（年）	地径（cm）>	苗高（cm）>
新银合欢	纯林		自然式		>5 000	植苗造林	裸根苗	0.25~0	0.15	16

五、造林技术：

（1）整地：穴状整地，规格 30×30×30cm，表土和生土分别堆放，捡出土中石块。严格保护好整地穴周围地块上原有的植被，以减少水土流失。

（2）栽植：5~6 月雨季造林，随起随栽，苗正根伸，适当深栽，细土壅根，分层填土、扶正、压实，浇足定根水。填土稍高过根茎原覆土位置 1cm 左右为宜。

（3）幼林抚育：连续抚育 2 年，第 1 年 1 次，8~9 月进行；第 2 年 2 次，4~5 月、8~9 月进行。穴内除草、松土、培土，对严重影响幼树生长的灌木、草本进行刀抚。封育林下灌草。

六、培育目标：覆盖度达 50% 以上，石漠化土地转化为潜在石漠化土地或非石漠化土地，水土流失轻度以下。

七、配置模式如下图所示：

典型设计号：49

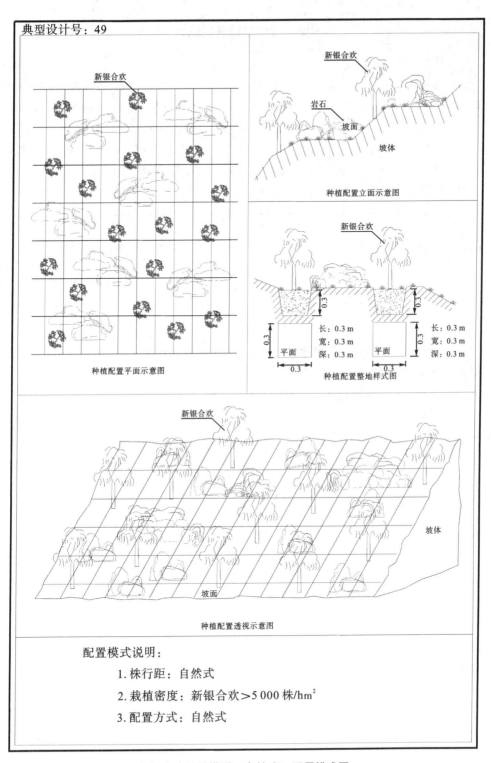

种植配置平面示意图

种植配置立面示意图

种植配置整地样式图

长：0.3 m
宽：0.3 m
深：0.3 m

长：0.3 m
宽：0.3 m
深：0.3 m

种植配置透视示意图

配置模式说明：

1. 株行距：自然式

2. 栽植密度：新银合欢 > 5 000 株/hm²

3. 配置方式：自然式

新银合欢纯林模型（自然式）配置模式图

紫穗槐纯林模型典型设计

一、典型设计号：50。

二、适宜立地类型（代号）：Ⅰ-01-02、Ⅰ-02-02、Ⅱ-01-02、Ⅱ-02-02、Ⅱ-03-02、Ⅱ-04-02、Ⅱ-05-02、Ⅱ-06-02、Ⅱ-07-02、Ⅱ-08-02、Ⅱ-09-02、Ⅲ-01-02、Ⅲ-02-02、Ⅲ-03-02、Ⅲ-04-02、Ⅲ-05-02、Ⅲ-06-02。

三、造林地特征：低山、丘陵区，海拔1 000m以下；黄壤、黄色石灰土、黑色石灰土，土层厚20~29cm；基岩裸露度<50%，轻度、中度石漠化土地；地类为宜林地。

四、树种及配置如下表所示：

造林树种	混交		栽植穴配置方式	株行距（m）	栽植密度（穴/hm²）	造林方式	苗木类别及规格			
	方式	比例					净度（%）	发芽率（%）≥	生活力（%）≥	优良度（%）≥
紫穗槐	纯林		品字行	1×1	10 000	直播造林	90	60		

五、造林技术：

（1）整地：穴状整地，规格20×20×20cm表土和生土分别堆放，捡出土中石块。严格保护好整地穴周围地块上原有的植被，以减少水土流失。

（2）栽植：春季直播造林，每穴10~15粒，覆1~2cm细土。

（3）幼林抚育：连续抚育3年，第1年扶苗、正苗，第2年间苗、定株，每穴保留5~8株。第3年起每年冬季平茬。封育灌草。

六、培育目标：覆盖度达70%以上，石漠化土地转化为潜在石漠化土地或非石漠化土地，水土流失中度以下。

七、其他：备用树种马桑、黄荆。

八、配置模式如下图所示：

典型设计号：50

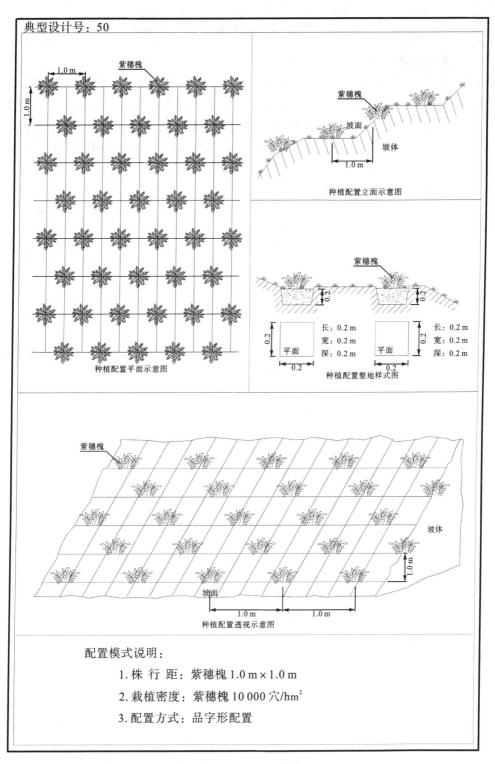

种植配置平面示意图

种植配置立面示意图

种植配置整地样式图

种植配置透视示意图

紫穗槐纯林模型配置模式图

配置模式说明：

    1. 株 行 距：紫穗槐 1.0 m×1.0 m

    2. 栽植密度：紫穗槐 10 000 穴/hm²

    3. 配置方式：品字形配置

紫穗槐纯林模型（自然式）典型设计

一、典型设计号：51。

二、适宜立地类型（代号）：Ⅰ-01-04、Ⅰ-02-04、Ⅱ-04-04、Ⅱ-05-04、Ⅱ-06-04、Ⅱ-07-04、Ⅱ-08-04、Ⅱ-09-04、Ⅲ-04-04、Ⅲ-05-04、Ⅲ-06-04。

三、造林地特征：低山、丘陵区，海拔1 000m以下；黄壤、黄色石灰土、黑色石灰土，土层厚<20cm；基岩裸露度50%~69%，重度、极重度石漠化土地；地类为宜林地。

四、树种及配置如下表所示：

造林树种	混交		栽植穴配置方式	株行距（m）	栽植密度（穴/hm²）	造林方式	苗木类别及规格			
	方式	比例					净度（%）	发芽率（%）≥	生活力（%）≥	优良度（%）≥
紫穗槐	纯林		自然式		>5 000	直播造林	90	60		

五、造林技术：

（1）整地：穴状整地，规格根据实际情况确定，一般为20×20×20cm，表土和生土分别堆放，捡出土中石块。严格保护好整地穴周围地块上原有的植被，以减少水土流失。

（2）栽植：春季直播造林，每穴10~15粒，覆1~2cm细土。

（3）幼林抚育：连续抚育3年，第1年扶苗、正苗；第2年间苗、定株，每穴保留5~8株；第3年起每年冬季平茬。封育灌草。

六、培育目标：培育灌草植被，覆盖度达50%以上，石漠化土地转化为潜在石漠化土地或非石漠化土地，水土流失中度以下。

七、其他：备用树种马桑、黄荆。

八、配置模式如下图所示：

典型设计号：51

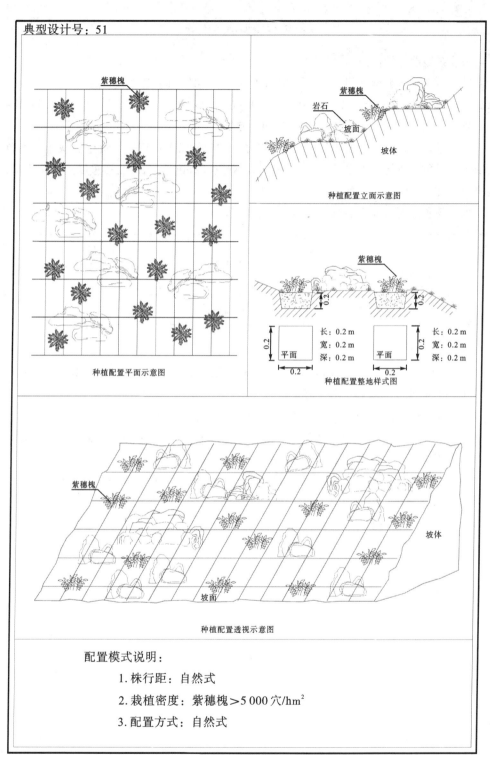

种植配置平面示意图

种植配置立面示意图

种植配置整地样式图

长：0.2 m
宽：0.2 m
深：0.2 m

长：0.2 m
宽：0.2 m
深：0.2 m

种植配置透视示意图

配置模式说明：
1. 株行距：自然式
2. 栽植密度：紫穗槐＞5 000 穴/hm²
3. 配置方式：自然式

紫穗槐纯林模型（自然式）配置模式图

马桑纯林模型典型设计

一、典型设计号：52。

二、适宜立地类型（代号）：Ⅰ-01-02、Ⅰ-02-02、Ⅱ-01-02、Ⅱ-02-02、Ⅱ-03-02、Ⅱ-04-02、Ⅱ-05-02、Ⅱ-06-02、Ⅱ-07-02、Ⅱ-08-02、Ⅱ-09-02、Ⅲ-01-02、Ⅲ-02-02、Ⅲ-03-02、Ⅲ-04-02、Ⅲ-05-02、Ⅲ-06-02。

三、造林地特征：中低山、丘陵区，海拔1700m以下；黄壤、黄色石灰土、红色石灰土、黑色石灰土，土层厚20~29cm；基岩裸露度<50%，重度、极重度石漠化土地；地类为宜林地。

四、树种及配置如下表所示：

| 造林树种 | 混交 | | 栽植穴配置方式 | 株行距（m） | 栽植密度（穴/hm²） | 造林方式 | 苗木类别及规格 | | | |
	方式	比例					净度（%）	发芽率（%）≥	生活力（%）≥	优良度（%）≥
马桑	纯林		品字形	1×1	10 000	直播造林				

五、造林技术：

（1）整地：穴状整地，规格20×20×20cm，捡出土中石块。严格保护好整地穴周围地块上原有的植被，以减少水土流失。

（2）栽植：秋季直播造林，每穴600~800粒，播后盖山草。

（3）幼林抚育：连续抚育3年，第1年扶苗、正苗；第2年间苗、定株，每穴保留4~6株；第3年起每年冬季平茬。封育灌草。

六、培育目标：培育灌草植被，覆盖度达50%以上，重度、极重度石漠化土地转化为轻度或潜在石漠化土地或非石漠化土地，水土流失中度以下。

七、配置模式如下图所示：

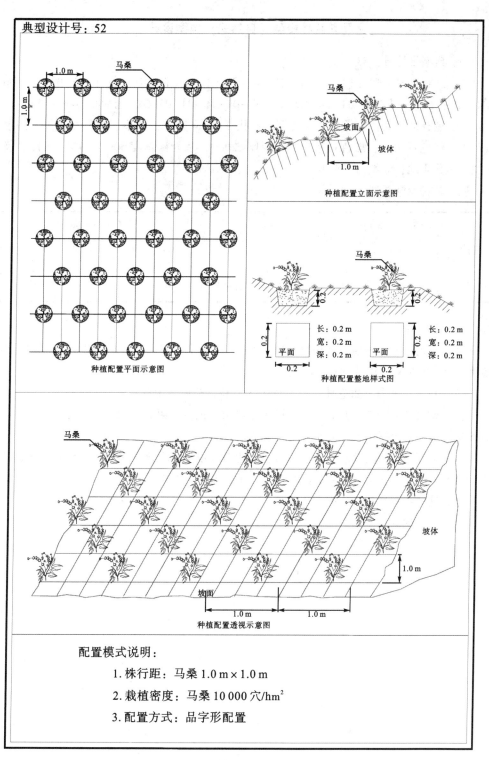

典型设计号：52

种植配置立面示意图

种植配置整地样式图

种植配置平面示意图

种植配置透视示意图

配置模式说明：

1. 株行距：马桑 1.0 m × 1.0 m

2. 栽植密度：马桑 10 000 穴/hm²

3. 配置方式：品字形配置

马桑纯林模型配置模式图

马桑纯林模型（自然式）典型设计

一、典型设计号：53。

二、适宜立地类型（代号）：Ⅰ-01-04、Ⅰ-02-04、Ⅱ-04-04、Ⅱ-05-04、Ⅱ-06-04、Ⅱ-07-04、Ⅱ-08-04、Ⅱ-09-04、Ⅲ-04-04、Ⅲ-05-04、Ⅲ-06-04。

三、造林地特征：中低山、丘陵区，海拔2 000m以下；黄壤、黄色石灰土、棕色石灰土、红色石灰土、黑色石灰土，土层厚<20cm；基岩裸露度50%~69%，重度、极重度石漠化土地；地类为宜林地。

四、树种及配置如下表所示：

| 造林树种 | 混交 | | 栽植穴配置方式 | 株行距（m） | 栽植密度(穴/hm²) | 造林方式 | 苗木类别及规格 | | | |
	方式	比例					净度（%）	发芽率（%）≥	生活力（%）≥	优良度（%）≥
马桑	纯林		自然式		>5 000	直播造林				

五、造林技术：

（1）整地：穴状整地，规格20×20×20cm，捡出土中石块。严格保护好整地穴周围地块上原有的植被，以减少水土流失。

（2）栽植：秋季直播造林，每穴600~800粒，播后盖山草。

（3）幼林抚育：连续抚育3年，第1年扶苗、正苗；第2年间苗、定株，每穴保留4~6株；第3年起每年冬季平茬。封育灌草。

六、培育目标：培育灌草植被，覆盖度达50%以上，重度、极重度石漠化土地转化为轻度或潜在石漠化土地或非石漠化土地，水土流失中度以下。

七、其他：备选树种，黄荆。

八、配置模式如下图所示：

典型设计号：53

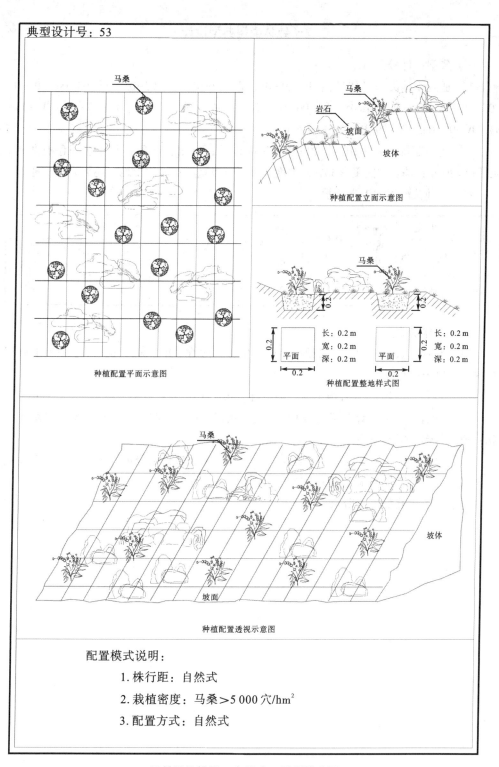

种植配置平面示意图

种植配置立面示意图

种植配置整地样式图

种植配置透视示意图

配置模式说明：

　　1. 株行距：自然式

　　2. 栽植密度：马桑＞5 000 穴/hm²

　　3. 配置方式：自然式

马桑纯林模型（自然式）配置模式图

车桑子纯林模型典型设计

一、典型设计号：54。

二、适宜立地类型（代号）：Ⅳ-01-05、Ⅳ-02-05、Ⅳ-03-05、Ⅳ-04-04、Ⅳ-04-05、Ⅳ-05-04、Ⅳ-05-05、Ⅳ-06-04、Ⅳ-06-05、Ⅳ-07-03、Ⅳ-07-04、Ⅳ-08-03、Ⅳ-08-04、Ⅳ-09-03、Ⅳ-09-04。

三、造林地特征：中山区，海拔2 000m以下；黄壤、红色石灰土、棕色石灰土，土层厚<20cm；基岩裸露度≥50%，中度、重度、极重度石漠化土地；地类为宜林地等。

四、树种及配置如下表所示：

造林树种	混交		栽植穴配置方式	株行距（m）	栽植密度（穴/hm²）	造林方式	苗木类别及规格			
	方式	比例					净度（%）	发芽率（%）≥	生活力（%）≥	优良度（%）≥
车桑子	纯林		自然式		>10 000	直播造林	98	70		

五、造林技术：

（1）整地：穴状整地，规格根据情况确定，一般为20×20×20cm，表土和生土分别堆放，捡出土中石块。

（2）栽植：每年5~6月雨季前直播造林，每穴15~20粒，播后覆细土1~2cm。

（3）抚育：连续抚育3年，第1年扶苗、正苗；第2年间苗、定株，每穴保留4~6株；第2年起每年冬季平茬。封育灌草。

六、培育目标：覆盖度达60%以上，由石漠化土地转化为轻度石漠化、潜在石漠化土地或非石漠化土地，水土流失中度以下。

七、配置模式如下图所示：

典型设计号：54

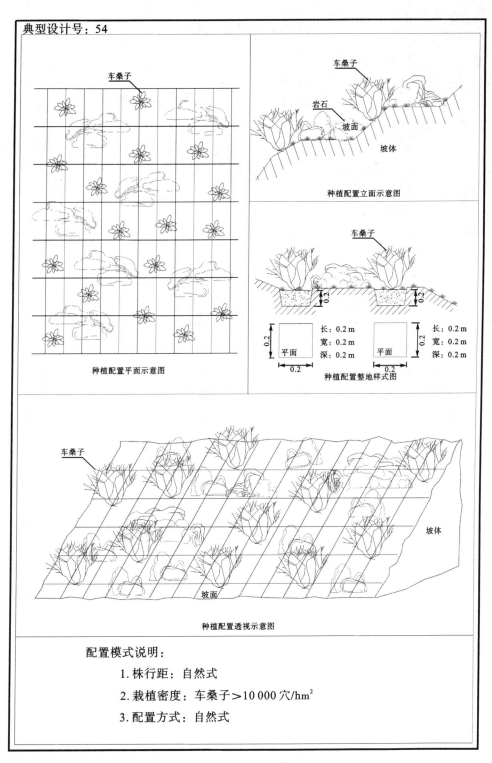

种植配置平面示意图

种植配置立面示意图

种植配置整地样式图

种植配置透视示意图

车桑子纯林模型配置模式图

配置模式说明：

1. 株行距：自然式

2. 栽植密度：车桑子>10 000 穴/hm²

3. 配置方式：自然式

金银花藤本模型典型设计

一、典型设计号：55。

二、适宜立地类型（代号）：Ⅰ-01-02、Ⅰ-02-02、Ⅱ-01-02、Ⅱ-02-02、Ⅱ-03-02、Ⅱ-04-02、Ⅱ-05-02、Ⅱ-06-02、Ⅱ-07-02、Ⅱ-08-02、Ⅱ-09-02、Ⅲ-01-02、Ⅲ-02-02、Ⅲ-03-02、Ⅲ-04-02、Ⅲ-05-02、Ⅲ-06-02。

三、造林地特征：低山、丘陵区，海拔 1 500m 以下，坡度<35°；黄壤，黄色石灰土、黑色石灰土，土层厚 20~39cm；基岩裸露度<50%，中度、重度石漠化土地；地类为坡耕地、宜林荒地。

四、树种及配置如下表所示：

造林树种	混交		栽植穴配置方式	株行距（m）	栽植密度（株/hm²）	造林方式	苗木类别及规格			
	方式	比例					类别	苗龄（年）	地径(cm)>	苗高(cm)>
金银花	纯林		品字形	1.5×1.5	4 444	植苗造林	裸根苗			

五、造林技术：

（1）整地：穴状整地，规格 40×40×30cm，表土和生土分别堆放，捡出土中石块。

（2）栽植：春、秋季栽植。栽植时先将熟土和基肥（每穴腐熟的厩肥 10~15kg）充分混合后填入栽植穴，随起随栽，半年至一年的幼苗每穴 5~8 株分散穴内，按圆形栽植；2 年左右大苗每穴 1~3 株分散穴内，按半月形栽植，要求细土壅根，根系舒展，踏实、浇足定根水。

（3）栽后管理：每年结合松土、除草，加强水肥管理。栽植后 1~2 年内，多施一些人畜粪、草木灰、尿素、硫酸钾等肥料。2~3 年后，每年春初，多施畜杂肥、厩肥、饼肥、过磷酸钙等肥料。第一茬花采收后即追适量氮、磷、钾复合肥料，为下茬花提供充足的养分。每年早春萌芽后和第一批花收完时，开环沟浇施人粪尿、化肥等。适时整形修剪，新栽植株以轻剪、定形、促生长为主，使之主干明显，枝条分布均匀，生长旺盛；投产植株以轻剪促稳产、高产为主，剪后以枝条能直立为度，剪去枯老枝，过密枝，以保持其旺盛生命力。

六、培育目标：培育生态经济林，植被覆盖度达 70% 以上，石漠化土地转化为轻度石漠化土地、潜在石漠化土地或非石漠化土地，水土流失中度以下。

七、配置模式如下图所示：

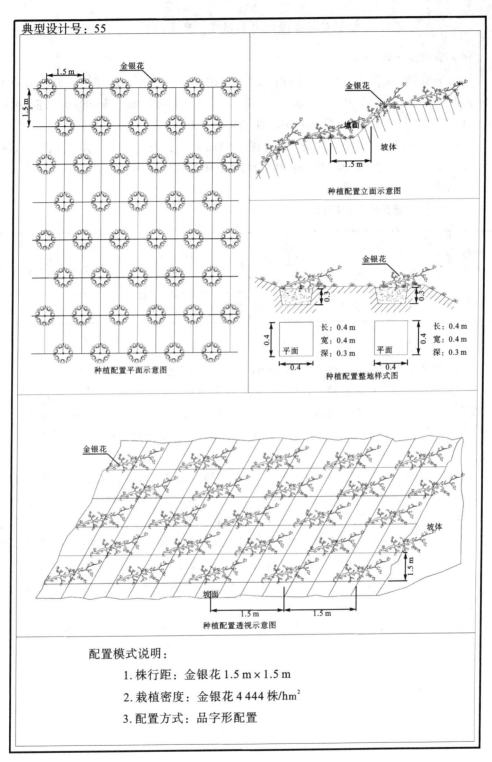

种植配置平面示意图

种植配置立面示意图

种植配置整地样式图

种植配置透视示意图

配置模式说明：

1. 株行距：金银花 1.5 m×1.5 m

2. 栽植密度：金银花 4 444 株/hm²

3. 配置方式：品字形配置

金银花藤本模型配置模式图

金银花藤本模型（自然式）典型设计

一、典型设计号：56。

二、适宜立地类型（代号）：Ⅰ-01-03、Ⅰ-02-03、Ⅱ-01-04、Ⅱ-02-04、Ⅱ-03-04、Ⅱ-04-03、Ⅱ-05-03、Ⅱ-06-03、Ⅱ-07-03、Ⅱ-08-03、Ⅱ-09-03、Ⅲ-01-04、Ⅲ-02-04、Ⅲ-03-04、Ⅲ-04-03、Ⅲ-05-03、Ⅲ-06-03。

三、造林地特征：低山、丘陵区，海拔1 500m以下，坡度<35°；黄壤，黄色石灰土、黑色石灰土，土层厚20~39cm；基岩裸露度50%~69%，中度、重度石漠化土地；地类为坡耕地、宜林荒地等。

四、树种及配置如下表所示：

造林树种	混交		栽植穴配置方式	株行距（m）	栽植密度（株/hm²）	造林方式	苗木类别及规格			
	方式	比例					类别	苗龄（年）>	地径（cm）>	苗高（cm）>
金银花	纯林		自然式		>2 222	植苗造林	裸根苗			

五、造林技术：

（1）整地：穴状整地，规格40×40×30cm，表土和生土分别堆放，捡出土中石块。

（2）栽植：春、秋季栽植。栽植时先将熟土和基肥（每穴腐熟的厩肥10~15kg）充分混合后填入栽植穴，随起随栽，半年至一年的幼苗每穴5~8株分散穴内，按圆形栽植；2年左右大苗每穴1~3株分散穴内，按半月形栽植，要求细土壅根，根系舒展，踏实、浇足定根水。

（3）栽后管理：是每年结合松土、除草，加强水肥管理。栽植后1~2年内，多施一些人畜粪、草木灰、尿素、硫酸钾等肥料。2~3年后，每年春初，多施畜杂肥、厩肥、饼肥、过磷酸钙等肥料。第一茬花采收后即追适量氮、磷、钾复合肥料，为下茬花提供充足的养分。每年早春萌芽后和第一批花收完时，开环沟浇施人粪尿、化肥等。适时整形修剪，新栽植株以轻剪、定形、促生长为主，使之主干明显，枝条分布均匀，生长旺盛；投产植株以轻剪促稳产、高产为主，剪后以枝条能直立为度，剪去枯老枝、过密枝，以保持其旺盛生命力。

六、培育目标：培育生态经济林，植被覆盖度50%以上，石漠化土地转化为潜在石漠化土地或非石漠化土地，水土流失中度以下。

七、配置模式如下图所示：

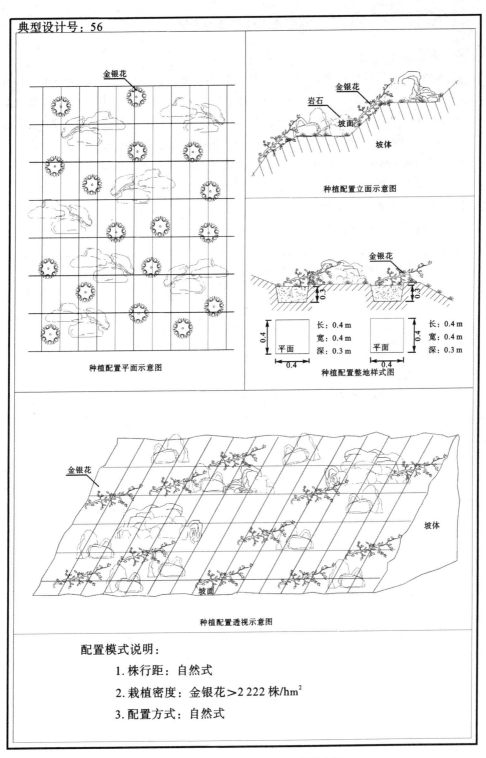

典型设计号：56

金银花

种植配置平面示意图

金银花
岩石
坡面
坡体

种植配置立面示意图

金银花

长：0.4 m
宽：0.4 m
深：0.3 m

长：0.4 m
宽：0.4 m
深：0.3 m

平面

平面

种植配置整地样式图

金银花

坡体

坡面

种植配置透视示意图

配置模式说明：

    1. 株行距：自然式

    2. 栽植密度：金银花＞2 222 株/hm²

    3. 配置方式：自然式

金银花藤本模型（自然式）配置模式图

葛藤藤本模型典型设计

一、典型设计号：57。

二、适宜立地类型（代号）：Ⅰ-01-05、Ⅰ-02-05、Ⅱ-01-05、Ⅱ-02-05、Ⅱ-03-05、Ⅱ-04-05、Ⅱ-05-05、Ⅱ-06-05、Ⅱ-07-05、Ⅱ-08-05、Ⅱ-09-05、Ⅲ-01-05、Ⅲ-02-05、Ⅲ-03-05、Ⅲ-04-05、Ⅲ-05-05、Ⅲ-06-05、Ⅳ-01-05、Ⅳ-02-05、Ⅳ-03-05、Ⅳ-04-05、Ⅳ-05-05、Ⅳ-06-05、Ⅳ-07-04、Ⅳ-08-04、Ⅳ-09-04。

三、造林地特征：中山、低山、丘陵区，海拔1 500m以下；黄壤、黄色石灰土、黑色石灰土、红色石灰土、棕色石灰土，土层厚度不限；基岩裸露度≥70%，极重度石漠化土地；地类为宜林地、难利用地。

四、树种及配置如下表所示：

| 造林树种 | 混交 | | 栽植穴配置方式 | 株行距（m） | 栽植密度（株/hm²） | 造林方式 | 苗木类别及规格 | | | |
	方式	比例					类别	苗龄（年）	地径(cm)>	苗高(cm)>
葛藤	纯林		自然式		>3 330	植苗造林	裸根苗			

五、造林技术：

（1）整地：选择土层较为深厚的地段或石隙、石缝，挖掘深40cm（可使用钻孔机械）、长宽不定的栽植穴，表土和生土分别堆放，捡出土中石块。有条件可回填肥沃客土。

（2）栽植：春、秋栽植均可，春栽宜早，防止春季回暖太快，根系尚未得到恢复，叶已展开、蒸腾过大，影响成活率。川西南山地区可在5~6月雨季前带土团栽植。随起随栽，深栽浅埋，栽植时将苗根沾水，湿后将苗植入穴内，使根系自然展开，填培土，向上轻提苗木，使苗芽露出土面，踏实回填土，浇足定根水，水渗下后及时覆盖表土4~5cm为宜。

（3）抚育：连续抚育3年，每年1~2次，穴内除草、松土、培土。松土应注意浅耕，避免伤及根系和萌芽，特别是当年栽植小苗。更要及时松土、除草，以保证小苗健壮发育。封育灌草。

六、培育目标：培育藤、草植被，覆盖度达50%以上，石漠化土地由极重度石漠化土地向轻度及潜在石漠化土地或非石漠化土地转化，水土流失中度以下。

七、配置模式如下图所示：

典型设计号：57

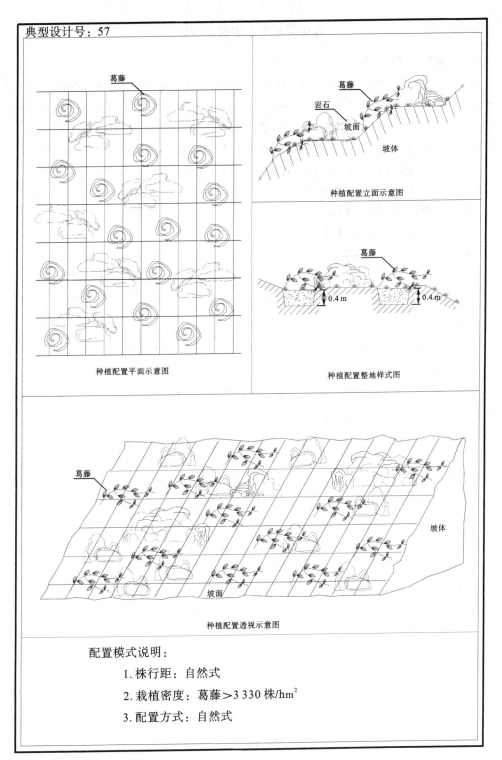

葛藤

种植配置平面示意图

葛藤
岩石
坡面
坡体

种植配置立面示意图

葛藤

0.4 m   0.4 m

种植配置整地样式图

葛藤

坡体

坡面

种植配置透视示意图

配置模式说明：

　　1.株行距：自然式

　　2.栽植密度：葛藤>3 330株/hm²

　　3.配置方式：自然式

葛藤藤本模型配置模式图

爬山虎藤本模型典型设计

一、典型设计号：58。

二、适宜立地类型（代号）：Ⅰ-01-05、Ⅰ-02-05、Ⅱ-01-05、Ⅱ-02-05、Ⅱ-03-05、Ⅱ-04-05、Ⅱ-05-05、Ⅱ-06-05、Ⅱ-07-05、Ⅱ-08-05、Ⅱ-09-05、Ⅲ-01-05、Ⅲ-02-05、Ⅲ-03-05、Ⅲ-04-05、Ⅲ-05-05、Ⅲ-06-05、Ⅳ-01-05、Ⅳ-02-05、Ⅳ-03-05、Ⅳ-04-05、Ⅳ-05-05、Ⅳ-06-05、Ⅳ-07-04、Ⅳ-08-04、Ⅳ-09-04。

三、造林地特征：中山、低山、丘陵区，海拔1 800m以下；黄壤、黄色石灰土、黑色石灰土、棕色石灰土、红色石灰土，土层厚度不限；基岩裸露度≥70%，极重度石漠化土地；地类为宜林地、难利用地。

四、树种及配置如下表所示：

造林树种	混交		栽植穴配置方式	株行距（m）	栽植密度（株/hm²）	造林方式	苗木类别及规格			
	方式	比例					类别	苗龄（年）	地径（cm）>	苗高（cm）>
爬山虎	纯林		自然式		>330	植苗造林	裸根苗	2~3		80

五、造林技术：

（1）整地：选择土层较为深厚的地段、或石缝、石隙，挖掘深40cm（可使用钻孔机械）、长宽不定的栽植穴，表土和生土分别堆放，捡出土中石块。有条件可回填肥沃客土。

（2）栽植：春、秋栽植均可。川西南山地区可在5~6月雨季前带土团栽植。随起随栽，栽植时土穴中加入约20cm厚的肥土（或普通土与优质有机肥的混合物），苗正根伸，细土壅根，分层填土、扶正、压实，浇足定根水。水渗下后再覆盖3~4cm厚的土层即可。

（3）幼林抚育：连续抚育2年，每年1~2次，穴内除草、松土、培土。茎藤伸长后应及时引导其向岩石攀缘附着，以尽快形成绿化覆盖层。

六、培育目标：培育藤、草植被，覆盖度达80%以上，由极重度石漠化土地向轻度及潜在石漠化土地或非石漠化土地转变，水土流失轻度以下。

七、配置模式如下图所示：

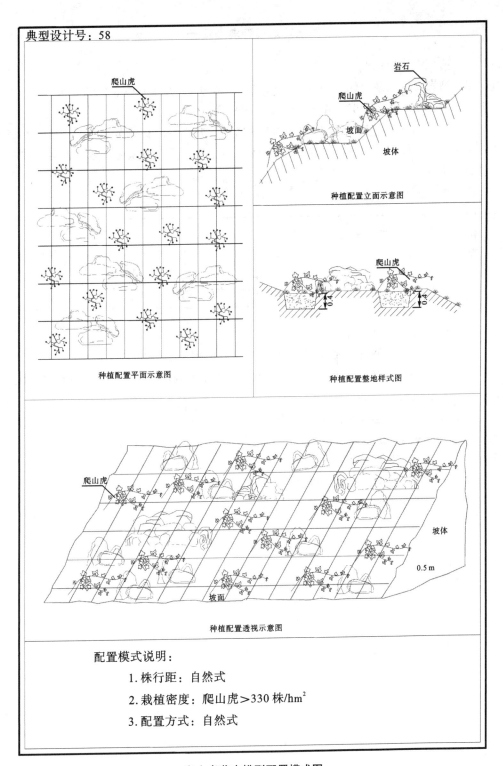

爬山虎

种植配置平面示意图

岩石

爬山虎

坡面

坡体

种植配置立面示意图

爬山虎

种植配置整地样式图

爬山虎

坡体

0.5 m

坡面

种植配置透视示意图

配置模式说明：

　1. 株行距：自然式

　2. 栽植密度：爬山虎＞330 株/hm^2

　3. 配置方式：自然式

爬山虎藤本模型配置模式图

剑麻草本模型典型设计

一、典型设计号：59。

二、适宜立地类型（代号）：Ⅳ-01-02、Ⅳ-02-02、Ⅳ-03-02、Ⅳ-04-02、Ⅳ-05-02、Ⅳ-06-02、Ⅳ-07-02、Ⅳ-08-02、Ⅳ-09-02。

三、造林地特征：中山区，海拔 1 600m 以下，坡度<35°；黄壤、红色石灰土、棕色石灰土，土层厚 20~39cm；基岩裸露度<50%，中度、重度石漠化土地；地类为坡耕地、宜林荒地。

四、树种及配置如下表所示：

造林树种	混交		栽植穴配置方式	株行距（m）	栽植密度（丛/hm²）	造林方式	苗木类别及规格			
	方式	比例					类别	苗龄（年）	地径(cm)>	苗高(cm)>
剑麻	纯林		品字形	1×2	5 000	植苗造林	裸根苗			

五、造林技术：

（1）整地：穴状整地，规格 30×30×20cm，表土和生土分别堆放，捡出土中石块。

（2）栽植：雨季前上山造林。造林时先将熟土填入栽植穴，细土壅根，根系舒展，踏实、浇足定根水。

（3）栽后管理：连续抚育 3 年，第 1 年 1 次进行 2 次抚育，4~6 月间进行块状松土、除草，8~9 月间进行全面除草、松土。第 2 年开始每年进行 1~2 次抚育，穴内松土、除草，对严重影响苗木生长的灌木、草本进行刀抚。封育灌草。

六、培育目标：覆盖度达 70%以上，石漠化土地转化为轻度石漠化土地、潜在石漠化土地或非石漠化土地，水土流失中度以下。

七、配置模式如下图所示：

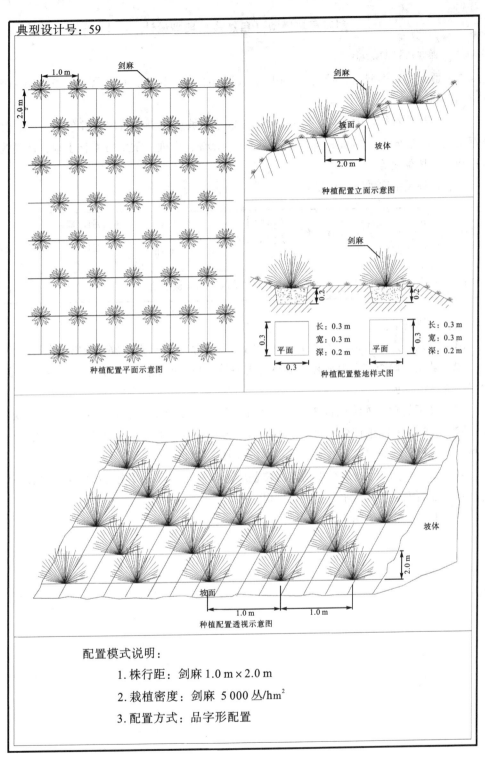

种植配置平面示意图

种植配置立面示意图

种植配置整地样式图

种植配置透视示意图

配置模式说明：

1. 株行距：剑麻 1.0 m × 2.0 m

2. 栽植密度：剑麻 5 000 丛/hm²

3. 配置方式：品字形配置

剑麻草本模型配置模式图

剑麻草本模型（自然式）典型设计

一、典型设计号：60。

二、适宜立地类型（代号）：Ⅳ-01-04、Ⅳ-02-04、Ⅳ-03-04、Ⅳ-04-03、Ⅳ-05-03、Ⅳ-06-03。

三、造林地特征：中山区，海拔 1 600m 以下，坡度<35°；黄壤、棕色石灰土、红色石灰土，土层厚 20~39cm；基岩裸露度 50%~69%，中度、重度石漠化土地；地类为坡耕地、宜林荒地等。

四、树种及配置如下表所示：

造林树种	混交		栽植穴配置方式	株行距（m）	栽植密度（丛/hm²）	造林方式	苗木类别及规格			
	方式	比例					类别	苗龄（年）	地径（cm）>	苗高（cm）>
剑麻	纯林		自然式		>2 500	植苗造林	裸根苗			

五、造林技术：

（1）整地：穴状整地，规格 30×30×20cm，表土和生土分别堆放，捡出土中石块。

（2）栽植：雨季前上山造林。造林时先将熟土填入栽植穴，细土壅根，根系舒展，踏实、浇足定根水。

（3）栽后管理：连续抚育 3 年，第 1 年 1 次进行 2 次抚育，4~6 月间进行块状松土、除草，8~9 月间进行全面除草松土。第 2 年开始每年进行 1~2 次抚育，穴内松土、除草，对严重影响幼树生长的灌木、草本进行刀抚。封育灌草。

六、培育目标：培育灌草型植被，覆盖度达 70%以上，石漠化土地转化为潜在石漠化土地或非石漠化土地，水土流失中度以下。

七、配置模式如下图所示：

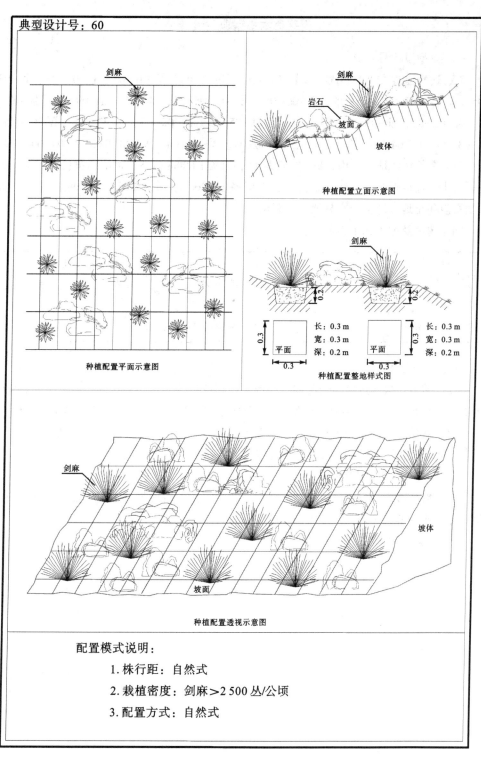

种植配置平面示意图

种植配置立面示意图

种植配置整地样式图

| 平面 | 长：0.3 m 宽：0.3 m 深：0.2 m | 平面 | 长：0.3 m 宽：0.3 m 深：0.2 m |

种植配置透视示意图

配置模式说明：

    1. 株行距：自然式

    2. 栽植密度：剑麻＞2 500 丛/公顷

    3. 配置方式：自然式

剑麻草本模型（自然式）配置模式图

芭茅草本模型典型设计

一、典型设计号：61。

二、适宜立地类型（代号）：Ⅰ-01-05、Ⅰ-02-05、Ⅱ-01-05、Ⅱ-02-05、Ⅱ-03-05、Ⅱ-04-05、Ⅱ-05-05、Ⅱ-06-05、Ⅱ-07-05、Ⅱ-08-05、Ⅱ-09-05、Ⅲ-01-05、Ⅲ-02-05、Ⅲ-03-05、Ⅲ-04-05、Ⅲ-05-05、Ⅲ-06-05、Ⅳ-01-05、Ⅳ-02-05、Ⅳ-03-05、Ⅳ-04-05、Ⅳ-05-05、Ⅳ-06-05、Ⅳ-07-04、Ⅳ-08-04、Ⅳ-09-04。

三、造林地特征：中山、低山、丘陵区，海拔1 600m以下；黄壤、黄色石灰土、黑色石灰土、棕色石灰土、红色石灰土，土层厚度<20cm；基岩裸露度≥70%，重度、极重度石漠化土地；地类为宜林地、难利用地。

四、树种及配置如下表所示：

造林树种	混交		栽植穴配置方式	株行距（m）	栽植密度（丛/hm²）	造林方式	苗木类别及规格			
	方式	比例					类别	苗龄（年）	地径（cm）>	苗高（cm）>
芭茅	纯林		自然式		>3 330	分蔸造林	分蔸苗			

五、造林技术：

（1）整地：根据造林地情况穴状整地，规格一般为30×30×30cm，表土和生土分别堆放，捡出土中石块。整地要注意保护好造林地的原有植被，以减少水土流失。

（2）栽植：春、秋栽植均可。随起随栽，苗正根伸，细土壅根，分层填土、扶正、压实，必要时浇足定根水。水渗下后再覆盖1~2cm厚的土层即可。

（3）幼林抚育：封育灌草。

六、培育目标：植被覆盖度达50%以上，石漠化土地转化为中度、轻度及潜在石漠化土地或非石漠化土地，水土流失中度以下。

七、配置图模式如下图所示：

典型设计号：61

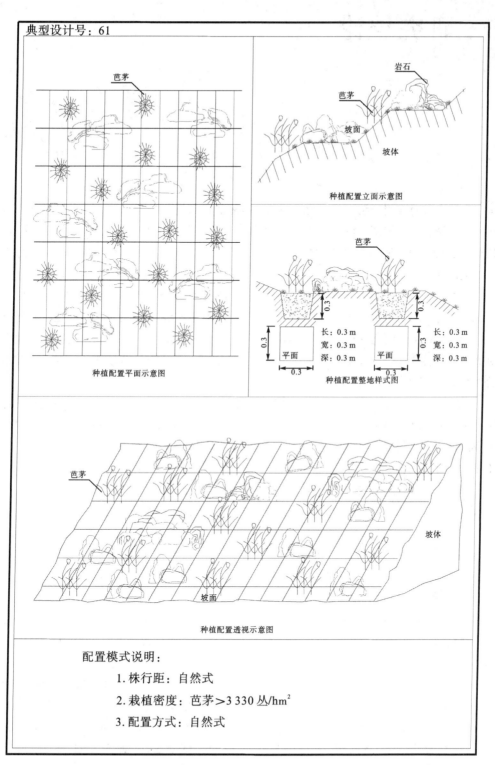

芭茅

岩石

芭茅

坡面

坡体

种植配置立面示意图

芭茅

长：0.3 m
宽：0.3 m
深：0.3 m

长：0.3 m
宽：0.3 m
深：0.3 m

平面

平面

种植配置整地样式图

芭茅

种植配置平面示意图

芭茅

坡体

坡面

种植配置透视示意图

配置模式说明：

　　1.株行距：自然式

　　2.栽植密度：芭茅＞3 330丛/hm²

　　3.配置方式：自然式

芭茅草本模型配置模式图

5 研究结论

本研究针对四川岩溶区石漠化土地植被恢复的特殊性，运用翔实的调查监测资料和典型调查资料，开展了岩溶区石漠化土地特征分析、生态环境脆弱性评价、立地分类、植被恢复树（草）种选择和植被恢复模型典型设计研究，提出了一整套系统、完整的植被恢复应用技术。

（1）根据国家林业局确定的监测范围，四川岩溶区涉及全省 10 个市（州）46 个县（市、区），岩溶区土地面积 277.7 万 hm^2，其中石漠化土地 73.2 万 hm^2，潜在石漠化土地 76.9 万 hm^2，具有面积大、分布范围广、石漠化发育程度深、土地利用类型以林地和耕地为主及主要分布于少数民族地区等特征。岩溶区石漠化土地植被恢复是四川当前生态建设的重点和难点。

（2）基于 GIS 的岩溶区生态环境脆弱性评价。采用 13 个与岩溶区生态环境脆弱性紧密相关的因素，先进行单因素空间指标特征分析，再运用 GIS 技术和层次分析法对岩溶区生态环境作出脆弱性评价。结果表明，岩溶区 58 159 个图斑中，极重度脆弱图斑 14 381 个，面积 41.5 万 hm^2，占岩溶区土地面积的 14.94%；重度脆弱 24 849 个，面积 89.8 万 hm^2，占岩溶区土地面积的 32.34%；中度脆弱图斑 16 381 个，面积 88.0 万 hm^2，占岩溶区土地面积的 31.69%；轻度脆弱图斑 2 072 个，面积 43.5 万 hm^2，占岩溶区土地面积的 15.67%；无明显脆弱图斑 476 个，面积 13.9 万 hm^2，占岩溶区土地面积的 5.36%。土地面积以重度脆弱和中度脆弱为主，占岩溶区土地面积的 64.03%，其次是轻度脆弱和极重度脆弱。不同区域脆弱性土地面积分布有一定的差异，在川西南山地区，各脆弱性土地面积分布由大到小为中度>重度>轻度>极重度>无明显，在川南盆地边缘区为重度>中度>极重度>轻度>无明显；在盆中丘陵区为重度>中度>极重度>轻度>无明显；在川东北平行岭谷区，各脆弱区面积分布由大到小为重度>中度>极重度>无明显>轻度。

（3）建立立地分类系统。在空间指标特征分析和生态环境脆弱性评价的基础上，选择确定划分各级立地单元的主导因子，划分各级立地单元。立地区选用了地貌类型、气候条件和石漠化土地分布为划分依据，立地组选用了岩溶地貌和土壤类型为划分依据，立地类型选择了基岩裸露度、土层厚度为划分依据。依据各级立地单元划分的主导因子将四川岩溶区划分为 4 个立地区 26 个立地类型组 127 个立地类型。

（4）树（草）种选择。在岩溶生态环境与植被恢复关联性分析的基础上，运用图斑调查资料、典型调查资料和近年来石漠化综合治理实施方案等资料，结合树（草）种本身的生物学、生态学特性，综合分析树（草）种的适宜性，并与同一树（草）种在优良地块上的表现对比，确定岩溶区不同立地区适生的树（草）种45个，其中：乔木29个、竹类5个、灌木6个、藤本3个、草本2个；按利用方向分，生态树（草）种36个、经济树种9个。

（5）植被恢复模型典型设计。在树（草）选择的基础上，采取定性与定量结合、典型对比分析等方法，归纳总结各树（草）种在不同立地条件下的营造技术，特别是适宜于岩溶区石漠化土地的技术措施和方法。由此对植被恢复模型作出典型设计，共设计了61个典型模型。其中，乔木林模型37个、竹类6个、灌木林11个、藤本4个、草本3个。按设计的树种组成分，纯林50个、混交林11个。按培育利用方向分，生态林45个、经济林16个。

参考文献

[1] 蔡凡隆, 张军, 蒋勇. 四川岩溶区石漠化土地治理途径初探 [J]. 四川林业科技, 2007, 28 (1).

[2] 梅再美, 熊康宁, 孙建昌, 陈永毕. 贵州喀斯特石漠化土地的植被恢复技术研究 [J]. 贵州林业科技, 2004, 32 (3).

[3] 高华瑞, 林泽北, 罗婷, 向万丽. 贵州省强度石漠化区立地分类系统研究 [J]. 水土保持研究, 2011, 18 (2).

[4] 王进杰. 福泉岩溶地区植被恢复途径和造林树种选择初探 [J]. 贵州林业科技, 1985 (3).

[5] 吕仕洪, 等. 广西平果县石漠化地区立地划分与生态恢复试验初报 [J]. 中国岩溶, 2005, 24 (3).

[6] 赖长鸿, 等. 四川省石漠化敏感性评价及其空间分布特征研究 [J]. 水土保持研究, 2013, 20 (4).

[7] 肖荣波, 欧阳志云, 王效科, 赵同谦. 中国西南地区石漠化敏感性评价及其空间分析 [J]. 生态学杂志, 2005, 24 (5).

[8] 高华瑞. 乌江流域岩溶宜林石质山地立地分类研究 [J]. 贵州大学学报: 农业与生物科学版, 2002, 21 (4).

[9] 胡宝清, 王世杰. 基于3S与RS的喀斯特石漠化与土壤类型的空间相关性分析 [J]. 水土保持通报, 2004 (5).

[10] 胡宝清, 王世杰. 基于3S的区域喀斯特石漠化过程、机制及风险评估——以广西都安为例 [M]. 北京: 科学出版社, 2008.

[11] 但新球, 喻甦, 吴协宝. 关于石漠化地区退耕还林工程若干问题的探讨 [J]. 中南林业调查规划, 2004, 23 (3).

[12] 李阳兵. 西南岩溶山地生态脆弱性研究 [J]. 中国岩溶, 2002, 21 (1).

[13] 罗为群, 蒋忠诚, 韩清延, 等. 岩溶峰丛洼地不同地貌部位土壤分布及其侵蚀特点 [J]. 中国水土保持, 2008 (12).

[14] 裴建国, 李庆松. 生态环境破坏对岩溶洼地内涝的影响——以马山古寨乡为例 [J]. 中国岩溶, 2001, 20 (4).

[15] 龙健, 李娟, 邓奇琼, 等. 贵州喀斯特山区石漠化土壤理化性质及分形特征

研究 [J]. 土壤通报, 2006 (4).

[16] 区智, 李先琨, 吕仕洪, 等. 桂西南岩溶植被演替过程中的植物多样性 [J]. 广西科学, 2003 (1).

[17] 吴孔运, 蒋忠诚, 罗为群. 喀斯特石漠化地区生态恢复重建技术及其成果的价值评估——以广西平果县果化示范区为例 [J]. 地球与环境, 2007, 35 (2).

[18] 唐建生, 吕仁洪, 何成新, 等. 桂中岩溶干旱区综合治理技术开发与示范 [M]. 北京: 地质出版社, 2007.

[19] 王世杰. 喀斯特石漠化概念演绎及其科学内涵的探讨 [J]. 中国岩溶, 2002, 21 (2).

[20] 徐燕, 龙健. 贵州喀斯特山区土壤物理性质对土壤侵蚀的影响 [J]. 水土保持学报, 2005, 19 (1).

[21] 姚长宏, 蒋忠诚, 袁道先. 西南岩溶地区植被喀斯特效应 [J]. 地球学报, 2001, 22 (2).

[22] 李瑞玲, 王世杰, 周德全, 等. 贵州喀斯特地区岩性与土地石漠化的空间相关性分析 [J]. 地理学报, 2003, 58 (2).

[23] 余娟. 广西典型岩溶县生态承载与经济系统协调发展的评估与分析 [M]. 桂林: 广西师范大学出版社, 2008.

[24] 周游游, 韦复才, 祖玲. 西南岩溶山地的自然条件和生态重建问题 [J]. 国土与自然资源研究, 2005 (1).

[25] 周政贤. 茂兰喀斯特森林科学考察集 [M]. 贵阳: 贵州人民出版社, 1987.

[26] 周政贤, 杨世逸. 试论我国立地分类理论基础 [J]. 林业科学, 1987, 23 (1).

[27] 周政贤. 贵州石漠化退化土地及植被恢复模式 [J]. 贵州科学, 2002, 20 (1): 1-6.

[28] 张殿发, 王世杰, 周德全, 等. 贵州省喀斯特地区土地石漠化的内动力作用机制 [J]. 水土保持通报, 2001, 21 (4).

[29] 屠玉麟. 贵州喀斯特地区生态环境问题及其对策 [J]. 贵州环保科技, 2000, 6 (1).

[30] 王德炉 朱守谦 黄宝龙. 石漠化的概念及其内涵 [J]. 北京林业大学学报: 自然科学版, 2004, 11 (6).

[31] 吴菲. 森林立地分类及质量评价研究综述 [J]. 林业科技情报, 2010 (1).

[32] 朱守谦. 喀斯特森林生态研究 (Ⅱ) [M]. 贵阳: 贵州科学技术出版社, 1997.

[33] 朱守谦. 喀斯特森林生态研究 (Ⅲ) [M]. 贵阳: 贵州科学技术出版社, 2003.

[34] 蒋忠诚, 李先琨, 胡宝清. 广西岩溶山区石漠化及其综合治理研究 [M]. 北京: 科学出版社, 2011.

[35] 刘拓，等. 中国岩溶石漠化——现状、成因与防治 [M]. 北京：中国林业出版社，2009.

[36] 国家林业局. 岩溶地区石漠化监测技术规定（2011年修订）[S]. 2011.

[37] 中华人民共和国国家统计局. 中国统计年鉴（2014）[M]. 北京：中国统计出版社，2015.

[38] 四川省统计局，国家统计局四川调查总队. 四川统计年鉴（2014）[M]. 北京：中国统计出版社，2015.

[39] 四川省林业调查规划院. 四川省岩溶地区第二次石漠化监测报告 [R]. 2012.

后　记

　　该书是在四川省林业厅立项、我院（四川省林业调查规划院）承担完成的"四川岩溶区石漠化土地植被恢复应用技术研究"课题基础上整理、丰富而成的，并受四川省人力资源和社会保障厅"2015年度四川省学术和技术带头人培养资金资助项目"资助出版，在此，衷心感谢上述单位给予的大力支持！

　　该书的写作离不开大量相关的调研和资料支持。在2005年、2011年两次石漠化调查监测工作中，我院得到了相关的10个市（州）46个县（市、区）林业部门的大力支持。在2011—2015年的典型调查中，我院得到了四川省泸州、宜宾、雅安、广安、攀枝花、凉山、甘孜等市（州）及兴文县、长宁县、宁南县等相关林业部门的密切配合和协助，并提供了大量资料。四川省发改委农经处彭小清、熊壮，四川省工程咨询研究院杜丹清、何飞提供了石漠化综合治理工程编制的县级实施方案。在编制治理方案过程中，我们得到了四川省林业厅吴宝珍和我院陈家德、曹昌楷、周立江、朱子政、舒联芳、李德文、袁晖、李守剑及攀枝花市林业调查规划设计院李蓬吉等领导、专家、同事的大力支持并提出了宝贵意见，在此一并表示深深感谢！

　　该书是集体智慧的结晶，全体参与人员具体分工如下：兰立达负责全书的组织协调、提纲审定、修改统稿并主要撰写第三章、第四章及附表内容，蔡凡隆、张军主要负责撰写第一章、第二章和第五章内容，张军负责第二章和第三章的彩图绘制，郑银雪负责第四章植被恢复模型典型设计配置图绘制，蔡凡隆对全书修改提出了宝贵建议。在此，对所有参与人员的辛勤劳动表示最诚挚的感谢，并为他们严谨的科研精神点赞！

兰立达

2016 年 5 月 30 日

附表　植被恢复模型设计检索表

序号	植被恢复模型典型设计		造林地特征	适宜立地类型代号	页码
	名称	设计号			
1	马尾松纯林模型典型设计	01	低山、丘陵区，海拔 1 000m 以下，坡度 ≤35°；黄壤，土层厚≥40cm，基岩裸露度 <50%，轻度、中度石漠化土地	I −01−01、II −01−01、II −04−01、II −07−01、III −01−01、III −03−01、III −05−01	70
2	马尾松、紫穗槐混交模型典型纯林模型典型设计	02	低山、丘陵区，海拔 1 000m 以下，坡度 ≤35°；黄壤，土层厚 20～39cm，基岩裸露度 <50%，轻度、中度石漠化土地	I −01−02、II −01−02、II −04−02、II −07−02、III −01−02、III −03−02、III −05−02	72
3	柏木、桤木混交模型典型设计	03	低山、丘陵区，海拔 1 000m 以下，坡度 ≤35°；黄色石灰土、黑色石灰土，土层厚≥40cm，基岩裸露度 <50%，轻度、中度石漠化土地	I −02−01、II −02−01、II −03−01、II −05−01、II −06−01、II −08−01、III −02−01、III −04−01、III −06−01	74
4	柏木、桤木混交模型（自然式）典型设计	04	低山、丘陵区，海拔 1 000m 以下，坡度 ≤35°；黄色石灰土、黑色石灰土，土层厚 20～39cm，中度石漠化土地	I −02−03、II −02−04、II −03−04、II −05−03、II −06−03、II −08−03、III −02−04、III −04−03、III −06−03	76
5	柏木、刺槐混交模型典型设计	05	低山、丘陵区，海拔 1 000m 以下，坡度 <35°；黄色石灰土、黑色石灰土，土层厚≥40cm，基岩裸露度 <50%，轻度、中度石漠化土地	I −02−01、II −02−01、II −03−01、II −05−01、II −06−01、II −08−01、III −02−01、III −04−01、III −06−01	78
6	柏木、刺槐混交模型（自然式）典型设计	06	低山、丘陵区，海拔 1 000m 以下，坡度 <35°；黄色石灰土、黑色石灰土，土层厚 20～39cm，基岩裸露度 50%～69%，中度石漠化土地	I −02−03、II −02−04、II −03−04、II −05−03、II −06−03、II −08−03、III −02−04、III −04−03、III −06−03	80
7	柏木、马桑混交模型典型设计	07	低山、丘陵区，海拔 1 000m 以下，坡度 <35°；黄色石灰土、黑色石灰土，土层厚 20～39cm，基岩裸露度 50%，中度石漠化土地	I −02−02、II −02−02、II −03−02、II −05−02、II −06−02、II −08−02、III −02−02、III −03−02、III −04−02、III −06−02	82
8	柏木、马桑混交模型（自然式）典型设计	08	低山、丘陵区，海拔 1 000m 以下，坡度 <35°；黄色石灰土、黑色石灰土，土层厚 20～39cm，基岩裸露度 60%～69%，中度、重度石漠化土地	I −02−03、II −02−04、II −03−04、II −05−03、II −06−03、II −08−03、III −02−04、III −04−03、III −06−03	84

序号	植被恢复模型典型设计 名称	设计号	造林地特征	适宜立地类型代号	页码
9	云南松纯林模型典型设计	09	中山区，海拔1 000～2 600m，坡度≤35°，黄壤，土层厚≥40cm；基岩裸露度<50%，轻度、中度石漠化土地	IV-01-01，IV-04-01，IV-07-01	86
10	云南松纯林模型（自然式）典型设计	10	中山区，海拔1 000～2 600m，坡度≤35°，黄壤，土层厚≥30cm；基岩裸露度50%～69%，中度、重度石漠化土地	IV-01-03，IV-01-04，IV-04-03	88
11	杉木纯林模型典型设计	11	低山，丘陵区，海拔1 400m以下，土层厚≥40cm；基岩裸露度（或砾石含量）<50%，中度以下石漠化土地	I-01-01，II-01-01，II-04-01，II-07-01，III-01-01，III-03-01，III-05-01	90
12	杉木、檫木混交模型典型设计	12	低山，丘陵区，海拔1 400m以下，坡度≤35°；黄壤，土层厚≥40cm；基岩裸露度<50%，中度以下石漠化土地	I-01-01，II-01-01，II-04-01，II-07-01，III-01-01，III-03-01，III-05-01	92
13	香椿纯林模型典型设计	13	低山，丘陵区，海拔1 500m以下，坡度≤35°；黄壤，黑色石灰土、棕色石灰土，土层厚≥40cm；基岩裸露度<50%，轻度、中度石漠化土地	I-02-01，II-02-01，II-03-01，II-05-01，II-06-01，II-08-01，II-09-01，III-02-01，III-04-01，III-06-01，IV-06-01，IV-09-01	94
14	香椿纯林模型（自然式）典型设计	14	低山，丘陵区，海拔1 500m以下，坡度≤35°；黄壤，黑色石灰土，土层厚≥30cm；基岩裸露度50%～69%，中度、重度石漠化土地	I-02-03，II-02-03，II-03-03，II-03-04，II-05-03，II-06-03，II-08-03，II-09-03，III-02-03，III-03-03，III-04-03，III-06-03，IV-03-03，IV-03-04，IV-06-03	96
15	直杆桉纯林模型典型设计	15	中山区，海拔1 200～2 000m，坡度≤35°；黄壤，红色石灰土、棕色石灰土，土层厚≥40cm；基岩裸露度<50%，轻度、中度石漠化土地	IV-01-01，IV-02-01，IV-03-01，IV-04-01，IV-05-01，IV-06-01，IV-07-01，IV-08-01，IV-09-01	98
16	油樟纯林模型典型设计	16	中低山，丘陵区，海拔500～1 300m，坡度≤35°；黄壤，土层厚≥30cm；基岩裸露度<50%，轻度、中度石漠化土地	II-01-01，II-01-02，II-04-01，II-04-02，II-07-01，II-07-02，III-01-01，III-01-02，III-03-01，III-03-02，III-05-01，III-05-02	100

序号	植被恢复模型典型设计 名称	设计号	造林地特征	适宜立地类型代号	页码
17	油橄榄纯林模型（自然式）典型设计	17	中低山，丘陵区，海拔 500～1 300m，坡度 ≤35°；黄壤，土层厚 ≥30cm；基岩裸露度 50%～69%，中度，重度石漠化土地	II-01-03、II-01-04、II-04-03、II-07-03、III-01-03、III-01-04、III-03-03、III-05-03	102
18	西南桤木纯林模型典型设计	18	中山区，海拔 1 000～2 700m，土层厚 ≥40cm；棕色石灰土，红色石灰土；坡度 ≤35°；红色石灰土，棕色石灰土，基岩裸露度 <50%，轻度，中度石漠化土地	IV-02-01、IV-03-01、IV-05-01、IV-06-01、IV-08-01、IV-09-01	104
19	西南桤木纯林模型（自然式）典型设计	19	中山区，海拔 1 000～2 700m，坡度 ≤35°；棕色石灰土，红色石灰土，土层厚 ≥40cm；基岩裸露度 50%～69%，重度以下石漠化土地	IV-02-03、IV-03-03、IV-03-04、IV-05-03、IV-06-03、IV-08-03、IV-09-03	106
20	桤木纯林模型典型设计	20	低山，丘陵区，海拔 400m 以下，坡度 ≤35°；黄色石灰石，黑色石灰土，土层厚 ≥40cm；基岩裸露度 <50%	I-02-01、II-02-01、II-03-01、II-05-01、II-06-01、III-08-01、III-02-01、III-04-01、III-06-01	108
21	桤木纯林模型（自然式）典型设计	21	低山，丘陵区，海拔 400m 以下，坡度 ≤35°；黄色石灰石，黑色石灰土，土层厚 ≥30cm；基岩裸露度 50%～69%，中度以下石漠化土地	I-02-03、II-02-04、II-05-03、II-06-03、III-08-03、III-09-03、III-02-04、III-04-03、III-06-03	110
22	桤木、马桑混交模型典型设计	22	低山，丘陵区，海拔 400m 以下，坡度 ≤35°；黄色石灰石，黑色石灰土；土层厚 20～39cm，中度以下石漠化土地	I-02-02、II-02-02、II-05-02、II-06-02、III-08-02、III-09-02、III-04-02、III-06-02	112
23	桤木、马桑混交模型（自然式）典型设计	23	低山，丘陵区，海拔 400m 以下，坡度 ≤35°；黄色石灰石，土层厚 20～39cm；基岩裸露度 50%～69%，中度，重度石漠化土地	I-02-03、II-02-04、II-03-04、II-05-03、III-08-03、III-02-04、III-04-03、III-06-03	114
24	刺槐、马桑混交模型典型设计	24	低山，丘陵区，海拔 1 800m 以下，坡度 ≤35°；黄色石灰石，黑色石灰土，土层厚 20～39cm；基岩裸露度 <50%，中度以下石漠化土地	I-02-02、II-02-02、II-05-02、II-06-02、III-08-02、III-09-02、III-04-02、III-06-02	116

附表（续3）

序号	植被恢复模型典型设计 名称	设计号	造林地特征	适宜立地类型代号	页码
25	刺槐、马桑混交模型（自然式）典型设计	25	低山,丘陵区,海拔1800m以下,土层厚20~39cm;黄色石灰土,黑色石灰土,基岩裸露度50%~69%,中度石漠化土地	I-02-03, II-02-04, II-03-04, II-05-03, II-06-03, II-08-03, II-09-03, III-02-04, III-04-03, III-06-03	118
26	硬头黄纯林模型典型设计	26	低山,丘陵区,海拔800m以下,坡度≤35°;黄壤,黄色石灰土,土层厚≥40cm;基岩裸露度<50%,轻度石漠化土地	I-01-01, I-02-01, II-02-01, II-04-01, II-05-01, II-07-01, II-08-01, III-01-01, III-02-01, III-04-01, III-05-01, III-06-01	120
27	硬头黄纯林模型（自然式）典型设计	27	低山,丘陵区,海拔800m以下,土层厚≥30cm;黄壤,黄色石灰土,基岩裸露度50%~69%,中度石漠化土地	I-01-03, I-02-03, II-01-04, II-02-04, II-04-03, II-05-03, II-07-03, II-08-03, III-01-04, III-02-03, III-04-03, III-05-03, III-06-03	122
28	麻竹纯林模型型典型设计	28	低山,丘陵区,海拔800m以下,坡度≤35°;黄壤,黄色石灰土,土层厚≥40cm;基岩裸露度<50%,中度石漠化土地	I-01-01, I-02-01, II-02-01, II-04-01, II-05-01, II-07-01, II-08-01, III-01-01, III-02-01, III-04-01, III-05-01, III-06-01	124
29	麻竹纯林模型（自然式）典型设计	29	低山,丘陵区,海拔800m以下,坡度≤35°;黄壤,黄色石灰土,土层厚≥40cm;基岩裸露度50%~69%,中度石漠化土地	I-01-03, I-02-03, II-01-04, II-02-04, II-04-03, II-05-03, II-07-03, II-08-03, III-01-04, III-02-03, III-04-03, III-05-03, III-06-03	126
30	绵竹纯林模型型典型设计	30	低山,丘陵区,海拔1300以下,坡度≤35°;黄壤,黄色石灰土,黑色石灰土,土层厚≥40cm;基岩裸露度<50%,轻度、中度石漠化土地	II-01-01, II-02-01, II-03-01, II-04-01, II-05-01, II-06-01, II-07-01, II-08-01, II-09-01	128
31	绵竹纯林模型（自然式）典型设计	31	低山,丘陵区,海拔1300m以下,坡度≤35°;黄壤,黄色石灰土,黑色石灰土,土层厚≥30cm;基岩裸露度50%~69%,中度、重度石漠化土地	II-01-03, II-02-03, II-03-04, II-04-03, II-05-03, II-06-03, II-07-03, II-08-03, II-09-03	130
32	杜仲纯林模型典型设计	32	低山,丘陵区,海拔1300m以下,坡度≤25°,山坡中下部;黄壤,黄色石灰土,黑色石灰土,土层厚≥40cm;基岩裸露度<50%,轻度、中度石漠化土地	II-01-03, II-02-01, II-03-01, II-04-01, II-05-01, II-06-01, II-07-01, II-08-01, II-09-01, III-01-01, III-02-01, III-04-01, III-05-01, III-06-01	132

201

序号	植被恢复模型典型设计		造林地特征	适宜立地类型代号	页码
	名称	设计号			
33	核桃纯林模型典型设计	33	中山,低山,丘陵区,海拔2 000m以下,坡度<25°;阳坡和背风处栽植;黄壤,黄色石灰土,红色石灰土,棕色石灰土,黑色石灰土,土层厚≥40cm;基岩裸露度<50%,轻度,中度石漠化土地	I−01−01, I−02−01, II−01−01, II−02−01, II−03−01, II−04−01, II−05−01, II−06−01, II−07−01, II−08−01, II−09−01, III−01−01, III−02−01, III−03−01, III−04−01, III−05−01, III−06−01, IV−01−01, IV−02−01, IV−03−01, IV−04−01, IV−05−01, IV−06−01, IV−07−01, IV−08−01, IV−09−01	134
34	核桃纯林模型（自然式）典型设计	34	中山,低山,丘陵区,海拔2 000m以下,坡度<25°;阳坡和背风处栽植;黄壤,黄色石灰土,红色石灰土,棕色石灰土,黑色石灰土,土层厚≥30cm;基岩裸露度50%~69%,中度,重度石漠化土地	I−01−03, I−02−03, II−01−03, II−02−03, II−03−03, II−04−03, II−05−03, II−06−03, II−07−03, II−08−03, II−09−03, III−01−03, III−02−03, III−03−03, III−04−03, III−05−03, III−06−03, IV−01−03, IV−02−03, IV−03−03, IV−04−03, IV−05−03, IV−06−03	136
35	板栗纯林模型典型设计	35	中山,低山,丘陵区,海拔2 000m以下,坡度<25°;阳坡,半阴阳坡,棕色石灰土,土层厚≥40cm;基岩裸露度<50%,轻度,中度石漠化土地	II−04−01, II−07−01, III−01−01, III−05−01, IV−01−01, IV−02−01, IV−03−01, IV−04−01, IV−05−01, IV−06−01, IV−07−01, IV−08−01, IV−09−01	138
36	板栗纯林模型（自然式）典型设计	36	中山,低山,丘陵区,海拔2 000m以下,坡度<25°;阳坡,半阴阳坡,棕色石灰土,红色石灰土,土层厚≥30cm;基岩裸露度50%~69%,中度,重度石漠化土地	II−01−03, II−04−03, II−07−03, III−01−01, III−01−04, III−03−03, III−05−03, IV−01−03, IV−02−03, IV−03−04, IV−04−03, IV−05−03, IV−06−03	140
37	李纯林模型典型设计	37	中山,低山,丘陵区,海拔1 600m以下,坡度<25°;黄壤,黄色石灰土,棕色石灰土,红色石灰土,土层厚≥40cm;基岩裸露度<50%,轻度,中度石漠化土地	I−01−01, I−02−01, II−04−01, II−05−01, II−07−01, III−01−01, III−01−01, III−02−01, III−03−01, III−04−01, III−05−01, III−06−01, IV−01−01, IV−02−01, IV−03−01, IV−04−01, IV−05−01, IV−06−01, IV−07−01, IV−08−01, IV−09−01	142

序号	植被恢复模型典型设计 名称	设计号	造林地特征	适宜立地类型代号	页码
38	李纯林模型（自然式）典型设计	38	中山，低山，丘陵区，海拔1 600m以下，坡度<25°；黄壤，黄色石灰土，棕色石灰土，红色石灰土，土层厚≥30cm；基岩裸露度50%～69%，中度石漠化土地	I-01-03，I-02-03，II-01-03，II-01-04，II-02-03，II-02-04，II-04-03，II-05-03，II-07-03，II-08-03，III-01-03，III-01-04，III-02-03，III-02-04，III-03-03，III-04-03，III-05-03，III-06-03，IV-01-03，IV-01-04，IV-02-03，IV-03-03，IV-03-04，IV-04-03，IV-05-03，IV-06-03	144
39	枇杷纯林模型典型设计	39	中低山，丘陵区，海拔1 500m以下，坡度<25°；阳坡，半阴坡，黄壤，黄色石灰土，红色石灰土，土层厚≥40cm；基岩裸露度<50%，轻度石漠化土地	I-01-01，I-02-01，II-04-01，II-05-01，II-07-01，II-08-01，III-01-01，III-02-01，III-03-01，III-04-01，III-05-01，III-06-01，IV-01-01，IV-02-01，IV-04-01，IV-05-01，IV-07-01，IV-08-01	146
40	花椒纯林模型典型设计	40	中低山，丘陵区，海拔2 000m以下，坡度<35°；阳坡，半阴坡，黄壤，黄色石灰土，红色石灰土，土层厚≥40cm；基岩裸露度<50%，中度石漠化土地	I-01-01，I-02-01，II-04-01，II-05-01，II-07-01，II-08-01，III-01-01，III-02-01，III-03-01，III-04-01，III-05-01，III-06-01，IV-01-01，IV-02-01，IV-04-01，IV-05-01，IV-07-01，IV-08-01	148
41	花椒纯林模型（自然式）典型设计	41	中低山，丘陵区，海拔2 000m以下，坡度<35°；阳坡，半阴坡，黄壤，黄色石灰土，红色石灰土，土层厚≥40cm；中度，重度石漠化土地	I-01-03，I-02-03，II-01-04，II-04-03，II-05-03，II-07-03，II-08-03，III-01-03，III-01-04，III-02-03，III-02-04，III-03-03，III-04-03，III-05-03，III-06-03，IV-01-03，IV-01-04，IV-02-03，IV-02-04，IV-03-03，IV-04-03，IV-05-03	150
42	桑树纯林模型典型设计	42	中山，低山，丘陵区，海拔1 500m以下，坡度<25°；黄壤，黄色石灰土，棕色石灰土，土层厚20～39cm；基岩裸露度<50%，轻度，中度石漠化土地	I-01-02，I-02-02，II-01-02，II-02-02，II-04-02，II-05-02，II-07-02，II-08-02，III-01-02，III-02-02，III-03-02，III-04-02，III-05-02，III-06-02，IV-01-02，IV-02-02，IV-03-02，IV-04-02，IV-06-02，IV-07-02，IV-09-02	152

序号	植被恢复模型典型设计 名称	设计号	造林地特征	适宜立地类型代号	页码
43	桑树纯林模型（自然式）典型设计	43	中山，低山，丘陵区，海拔1200m以下，坡度≤25°，土层厚20~39cm；黄壤，黄色石灰土，棕色石灰土，中度，重度，极重度石漠化土地	I-01-03，I-02-03，II-01-04，II-02-04，II-04-03，II-05-03，II-07-03，II-08-03，III-01-04，III-02-04，III-03-03，III-04-03，III-05-03，III-06-03，IV-01-04，IV-03-04，IV-04-03，IV-06-03，IV-07-03，IV-09-03	154
44	岩桂纯林模型典型设计	44	中低山，丘陵区，海拔1100m以下，土层厚≥40cm；黄色石灰土，黑色石灰土，轻度，中度石漠化土地	II-03-01，II-05-01，II-06-01，II-08-01，II-09-01	156
45	岩桂纯林模型（自然式）典型设计	45	中低山，丘陵区，海拔1100m以下，土层厚≥30cm；黄色石灰土，黑色石灰土，50%~69%，中度，重度石漠化土地	II-02-03，II-02-04，II-03-03，II-03-04，II-06-03，II-08-03，II-09-03	158
46	麻疯树纯林模型典型设计	46	中低山，丘陵区，海拔1800m以下川西南山地干热河谷区，坡度<35°，阴坡，半阴坡和光照条件好的阴坡，半阴坡，红色石灰土，棕色石灰土，土层厚≥40cm；基岩裸露度<50%，轻度，中度石漠化土地	IV-02-01，IV-03-01，IV-05-01，IV-06-01，IV-08-01，IV-09-01	160
47	麻疯树纯林模型（自然式）典型设计	47	中山区，海拔1800m以下川西南山地干热河谷区，坡度<35°，阴坡，半阴坡和光照条件好的阴坡，半阴坡，红色石灰土，棕色石灰土，基岩裸露度50%~69%，土层厚≥30cm；中度，重度石漠化土地	IV-02-03，IV-02-04，IV-03-04，IV-05-03，IV-06-03	162
48	新银合欢纯林模型典型设计	48	中山区，海拔1500m以下，坡度≤35°；红色石灰土，棕色石灰土，土层厚20~39cm；基岩裸露度<50%，轻度，中度石漠化土地	IV-02-02，IV-03-02，IV-05-02，IV-06-02，IV-08-02，IV-09-02	164
49	新银合欢纯林模型（自然式）典型设计	49	中山区，海拔1500m以下，坡度≤35°；棕色石灰土，红色石灰土，土层厚20~39cm；基岩裸露度50%~69%，中度，重度石漠化土地	IV-02-04，IV-03-04，IV-05-03，IV-06-03	166

附表（续7）

序号	植被恢复模型典型设计 名称	设计号	造林地特征	适宜立地类型代号	页码
50	紫穗槐纯林模型典型设计	50	低山,丘陵区,海拔1000m以下;黄壤,黄色石灰土、黑色石灰土,土层厚20~29cm;基岩裸露度<50%,轻度、中度石漠化土地	I-01-02, I-02-02, II-01-02, II-02-02, II-03-02, II-04-02, II-05-02, II-06-02, II-07-02, II-08-02, II-09-02, III-01-02, III-02-02, III-03-02, III-04-02, III-05-02, III-06-02	168
51	紫穗槐纯林模型（自然式）典型设计	51	低山,丘陵区,海拔1000m以下;黄壤,黄色石灰土、黑色石灰土,土层厚<20cm;基岩裸露度50%~69%,重度、极重度石漠化土地	I-01-04, I-02-04, II-04-04, II-05-04, II-06-04, II-07-04, II-08-04, II-09-04, III-04-04, III-05-04, III-06-04	170
52	马桑纯林模型典型设计	52	中低山,丘陵区,海拔1700m以下;黄壤,黄色石灰土、红色石灰土,土层厚20~29cm;基岩裸露度<50%,重度、极重度石漠化土地	I-01-02, I-02-02, II-01-02, II-02-02, II-03-02, II-04-02, II-05-02, II-06-02, II-07-02, II-08-02, II-09-02, III-01-02, III-02-02, III-03-02, III-04-02, III-05-02, III-06-02	172
53	马桑纯林模型（自然式）典型设计	53	中低山,丘陵区,海拔2000m以下;黄壤,黄色石灰土、棕色石灰土,红色石灰土,黑色石灰土,土层厚<20cm;基岩裸露度50%~69%,重度、极重度石漠化土地	I-01-04, I-02-04, II-04-04, II-05-04, II-06-04, II-07-04, II-08-04, II-09-04, III-04-04, III-05-04, III-06-04	174
54	车桑子纯林模型典型设计	54	中山区,海拔2000m以下;黄壤,红色石灰土、棕色石灰土,土层厚<20cm;基岩裸露度≥50%,重度、极重度石漠化土地	IV-01-05, IV-02-05, IV-03-05, IV-04-04, IV-05-04, IV-05-05, IV-06-04, IV-06-05, IV-07-03, IV-07-04, IV-08-03, IV-08-04, IV-09-03, IV-09-04	176
55	金银花藤本模型典型设计	55	低山,丘陵区,海拔1500m以下;坡度<35°;黄壤,黄色石灰土、黑色石灰土,土层厚20~39cm;基岩裸露度<50%,中度石漠化土地	I-01-02, I-02-02, II-01-02, II-02-02, II-03-02, II-04-02, II-05-02, II-06-02, II-07-02, II-08-02, II-09-02, III-01-02, III-02-02, III-03-02, III-04-02, III-05-02, III-06-02	178
56	金银花藤本模型（自然式）典型设计	56	低山,丘陵区,海拔1500m以下;坡度<35°;黄壤,黄色石灰土、黑色石灰土,土层厚20~39cm;基岩裸露度50%~69%,中度、重度石漠化土地	I-01-03, I-01-04, I-02-03, I-02-04, II-03-03, II-03-04, II-04-03, II-05-03, II-06-03, II-07-03, II-08-03, II-09-03, III-01-04, III-02-04, III-03-04, III-04-03, III-05-03, III-06-03	180

序号	植被恢复模型典型设计 名称	设计号	造林地特征	适宜立地类型代号	页码
57	葛藤藤本模型典型设计	57	中山、低山、丘陵区，海拔1 500m以下；黄壤、黄色石灰土，黑色石灰土，红色石灰土，棕色石灰土，土层厚度不限；基岩裸露度≥70%，极重度石漠化土地	I−01−05，I−02−05，II−01−05，II−02−05，II−03−05，II−04−05，II−05−05，II−06−05，II−07−05，II−08−05，II−09−05，III−01−05，III−02−05，III−03−05，III−04−05，III−05−05，III−06−05，IV−01−05，IV−02−05，IV−03−05，IV−04−05，IV−05−05，IV−06−05，IV−07−04，IV−08−04，IV−09−04	182
58	爬山虎藤本模型典型设计	58	中山、低山、丘陵区，海拔1 800m以下；黄壤、黄色石灰土，黑色石灰土，红色石灰土，棕色石灰土，土层厚度不限；基岩裸露度≥70%，极重度石漠化土地	I−01−05，I−02−05，II−01−05，II−02−05，II−03−05，II−04−05，II−05−05，II−06−05，II−07−05，II−08−05，II−09−05，III−01−05，III−02−05，III−03−05，III−04−05，III−05−05，III−06−05，IV−01−05，IV−02−05，IV−03−05，IV−04−05，IV−05−05，IV−06−05，IV−07−04，IV−08−04，IV−09−04	184
59	剑麻草本模型典型设计	59	中山区，海拔1 600m以下，坡度<35°；黄壤、红色石灰土，棕色石灰土，土层厚20~39cm；基岩裸露度<50%，中度、重度石漠化土地	IV−01−02，IV−02−02，IV−03−02，IV−04−02，IV−05−02，IV−06−02，IV−07−02，IV−08−02，IV−09−02	186
60	剑麻草本模型（自然式）典型设计	60	中山区，海拔1 600m以下，坡度<35°；黄壤、棕色石灰土，红色石灰土，土层厚20~39cm；基岩裸露度50%~69%，中度石漠化土地	IV−01−04，IV−02−04，IV−03−04，IV−04−03，IV−05−03，IV−06−03	188
61	芭茅草本模型典型设计	61	中山、低山、丘陵区，海拔1 600m以下；黄壤、黄色石灰土，黑色石灰土，红色石灰土，棕色石灰土，土层厚度<20cm；基岩裸露度≥70%，重度、极重度石漠化土地	I−01−05，I−02−05，II−01−05，II−02−05，II−03−05，II−04−05，II−05−05，II−06−05，II−07−05，II−08−05，II−09−05，III−01−05，III−02−05，III−03−05，III−04−05，III−05−05，III−06−05，IV−01−05，IV−02−05，IV−03−05，IV−04−05，IV−05−05，IV−06−05，IV−07−04，IV−08−04，IV−09−04	190

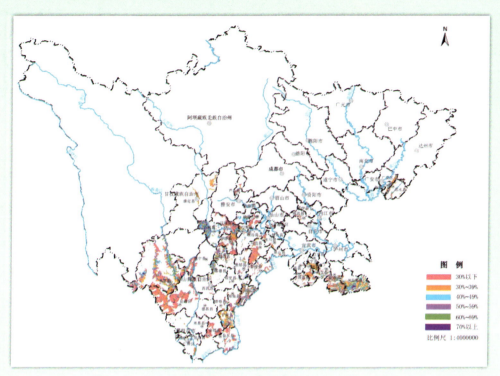

图2-5 岩溶区基岩裸露度分布图

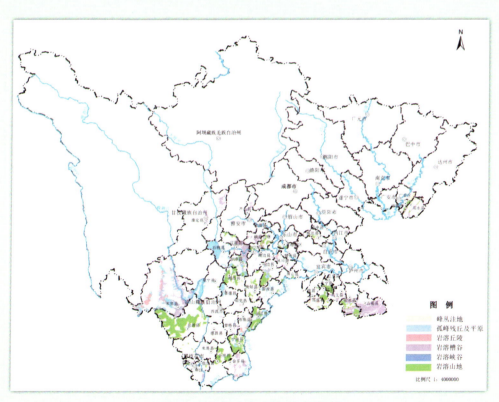

图2-6 岩溶区岩溶地貌分布图

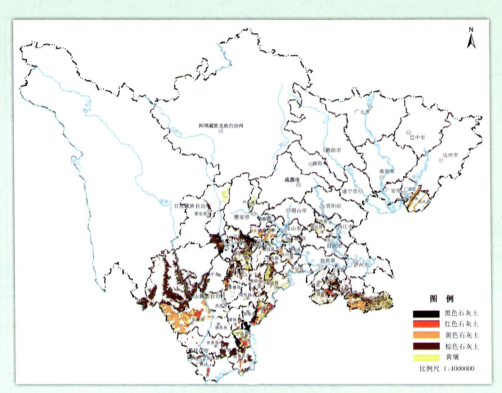

图2-11 岩溶区土壤类型分布图

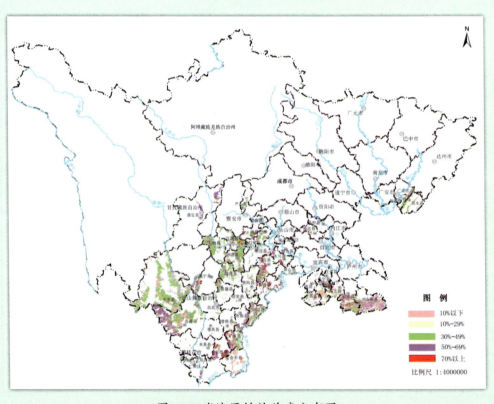

图2-12 岩溶区植被盖度分布图

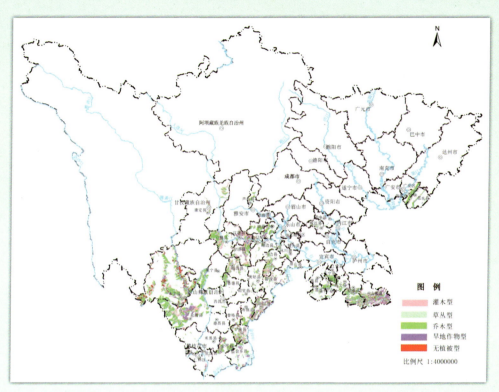

图2-13 岩溶区植被类型分布图

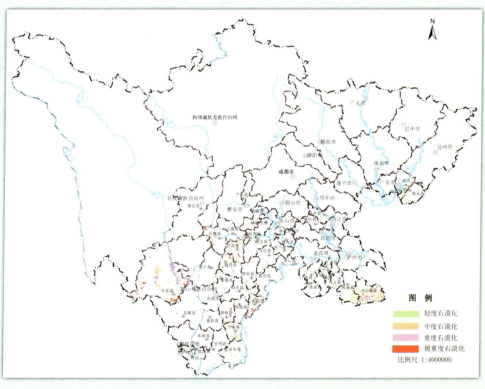

图2-14 岩溶区石漠化土地石漠化程度分布图

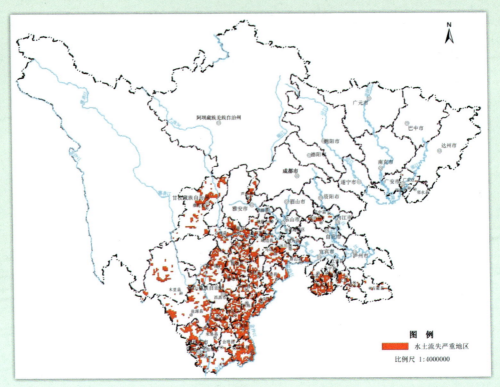

图2-15 岩溶区水土流失分布图

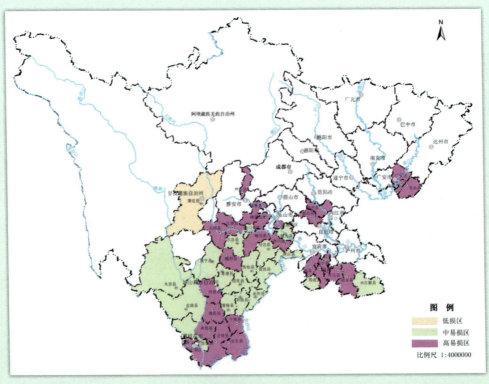

图2-16 岩溶区洪涝灾害承灾力分布图

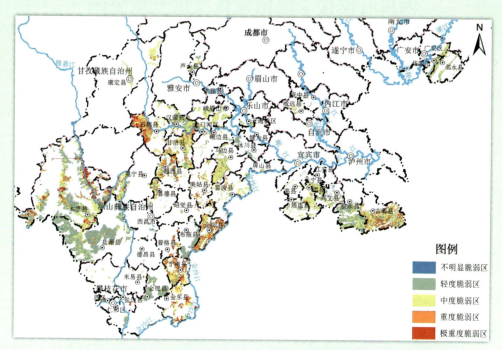

图2-18 岩溶区生态环境脆弱性评价结果图

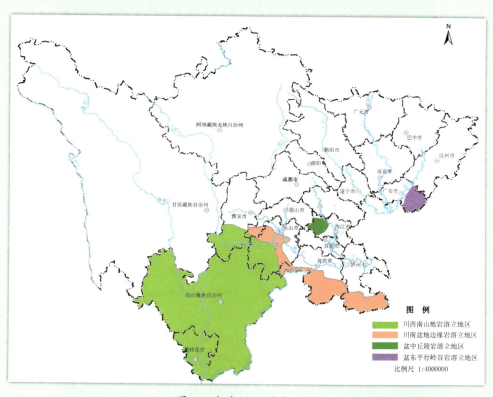

图3-1岩溶区立地分区图